U0336352

电气专业系列培训教材

电路原理

主　编　吴宝江　臧家义　苑东伟

参　编　吴德刚　任小虞　毕亚军

中国电力出版社

CHINA ELECTRIC POWER PRESS

内 容 提 要

　　本书为衡真教育集团组织编写的系列图书之一，全书共十章，包括电路的基本概念与基本定律，线性电阻电路的等效变换与分析，叠加定理、戴维南定理和诺顿定理，一阶和二阶电路的时域分析，正弦稳态电路的分析，含耦合电感电路的分析与计算，三相电路的基本概念和计算，交直流基本电参数的测量方法，非正弦周期电流电路的分析，二端口网络的基本概念、方程和参数。

　　本书主要作为相关考试参考教材，也可作为电气工程及其自动化专业、自动化专业、测控专业、通信专业、计算机专业等，以及其他电气、电子相关专业的教材，也可供有关工程技术人员参考。

图书在版编目（CIP）数据

电路原理/吴宝江，臧家义，苑东伟主编 . —北京：中国电力出版社，2024.6
ISBN 978 - 7 - 5198 - 8950 - 0

Ⅰ. TM13

中国国家版本馆 CIP 数据核字第 2024GM8436 号

出版发行：中国电力出版社
地　　址：北京市东城区北京站西街 19 号（邮政编码 100005）
网　　址：http://www.cepp.sgcc.com.cn
责任编辑：罗晓莉（010—63412547）
责任校对：黄　蓓　郝军燕
装帧设计：赵姗姗
责任印制：吴　迪

印　　刷：三河市百盛印装有限公司
版　　次：2024 年 6 月第一版
印　　次：2024 年 6 月北京第一次印刷
开　　本：787 毫米×1092 毫米　16 开本
印　　张：8.75
字　　数：216 千字
定　　价：35.00 元

编委会

　　电气工程及其自动化专业是强电（电为能量载体）与弱电（电为信息载体）相结合的专业，要求掌握电机学、电力电子技术、电力系统基础、高电压技术、供配电与用电技术等核心内容。 为了帮助学生高效完成专业学习，衡真教育集团组织编写了《电机学》《电力系统分析》《继电保护原理》《高电压技术》《电路原理》《电力电子技术》和《电气设备及主系统》七种教材。

　　本系列教材旨在帮助读者梳理相关课程知识点，进一步提升理论知识水平。 希望本系列教材能为电气工程及其自动化领域的学习者提供基础理论与核心知识，助力读者夯实基础，通晓理论。

　　本系列教材具有如下特点：

　　（1）内容全面，精准对接电气专业课程需求，涵盖必备学科知识，并融入相关考试要点，助力学习与考前冲刺。

　　（2）指导性强，在内容安排上针对专业学习和相关考试内容进行精挑细选，确保紧扣专业核心知识。

　　（3）注重互动性，包含精选习题、笔记区等互动元素，调动读者积极思考所学知识，辅助读者更好理解和掌握知识框架，供读者进行自我检测，加深知识理解程度实现知识点汇总，提供不同层次的互动体验。 配合衡真教育集团的在线题库系统可巩固所学知识，感兴趣的读者可以前往练习。

　　（4）注重可读性，语言文字表达清晰，图表插图辅助说明，使得复杂的概念易于理解，提高读者的阅读兴趣。

　　（5）逻辑性强，按照由浅入深、由易到难的原则编写，清晰地解释各个知识点之间的关联，内容组织严谨，逻辑清晰，有助于读者建立完整的知识体系，形成对知识的整体把握。

　　本书主要内容包括直流电路分析与计算、单相和三相交流电路分析与计算、含有耦合电感电路分析计算、非正弦周期电流电路分析与计算、二端口网络的基本知识。 第 1 章是整本书的基础，主要介绍了电路中用到的基本概念和基本物理量，对基本电路元件的特性进行分析，并引入了电路分析中的基本定律。 第 2 章首先利用等效变换的相关知识，分别对含源和无源网络进行简单的等效分析，简化电路计算；其次对于复杂电路，利用支路电流法、回路电流法和结点电压法等一般方法按照规则列写方程进行分析。 第 3 章讲解了电路分析中的叠加定理、戴维南和诺顿定理相关知识，对于部分复杂电路的求解提供了一种新方法。第 4 章主要对于含有动态元件的直流电路进行分析，主要分析电路发生换路时各电路元件中物理量的变化规律，包括一阶电路和二阶零输入电路的时域分析。 第 5 章是对正弦交流稳态电路进行分析，介绍了交流量的概念，并引入相量分析法帮助读者对单相正弦交流电路进行分析和计算。 第 6 章对含有耦合电感的电路进行分析与计算，主要包括互感的相关概念，耦合电感的去耦等效方法以及理想变压器的分析与计算。 第 7 章首先介绍了三相电路的基本概念，对于对称电路中三相电源和三相负载接成 Y/△ 时的线相电压、线相电流规律进行分析；其次讲解了对称三相电路的计算方法；最后对不对称电路进行了分析。 第 8 章对交直流电路中基本电参数测量中用到的仪器和测量方法进行了介绍。 第 9 章首先介绍了傅里叶级数的概念，并着重讲解了非正弦周期电流电路的分析与计算方法。 第 10 章介绍了二端口网络的基本概念，讲解了二端口网络 Y、Z、T、H 参数方程的计算方法，最后介绍了二端口的连接及典型的二端口元件。 除了传统的理论知识和内容，本教材还针对性地增加了例题和大量习题，帮助读者进一步掌握重要内容和知识点，以及难题的解题方法与技巧。

在本教材的编写过程中，我们获得了衡真教研组全体教师的鼎力支持，并且广泛借鉴了国内外多部电气工程领域的教材与专著。 在此，我们向所有为本教材贡献智慧和心血的老师表达深深的谢意。

教材虽成，然仍存不足，受限于编者之水平与时间，或有疏漏，恳请读者不吝赐教，指正本教材的不足之处。 我们深知学术之路永无止境，愿与读者携手共进，不断修正、完善。

编　者

2024 年 4 月

第1章

电路的基本概念与基本定律

本章帮助读者建立电路的一些基本概念，首先重点介绍电路中电流、电压和功率 3 个基本物理量，并引入参考方向与关联参考方向的概念；其次介绍电路中的基本元件，包括电阻、电容、电感、电压源和电流源（含受控源）的特点和性质；最后讲解基尔霍夫电压和电流定律，并通过练习使读者掌握利用基尔霍夫定律求解电路的方法。本章概念比较多，例如电路模型、关联参考方向、基尔霍夫定律的使用条件及特点等概念，需要读者深入理解和掌握。本章是电气工程及其自动化及其相关专业读者进行电路分析的基础，需要读者熟练掌握基尔霍夫定律、不同元件特性等相关知识点，并掌握利用这些知识求解电路参数的方法和技巧。

1.1 电 路 与 电 路 模 型

1.1.1 实际电路 C类考点

电路是由电工设备和电气器件按预期目的连接构成的电流的通路。手电筒实际电路如图1-1（a）所示。

1.1.2 电路模型 C类考点

电路模型是用理想电路元件取代每一个实际电路器件而构成的电路。手电筒电路模型如图 1-1 (b) 所示。理想电路元件是具有某种确定的电磁性质且具有精确的数学定义的假想元件。

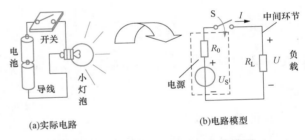

(a)实际电路　　　　　(b)电路模型

图 1-1　手电筒实际电路与电路模型

注意：同一实际电路元件在不同的应用条件下，其电路模型可以有不同的形式。例如实际线圈在不同使用条件下可以等效成如图 1-2 (b) 所示的不同的电路模型。

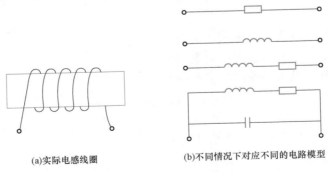

(a)实际电感线圈　　　　(b)不同情况下对应不同的电路模型

图 1-2　实际电感线圈在不同条件下的电路模型

1.2　电流和电压的参考方向

1.2.1　电流　A类考点

（1）电流的大小。单位时间内通过导体横截面的电荷量为电流的大小，瞬时电流值为：

$$i(t) = \frac{\mathrm{d}q(t)}{\mathrm{d}t} \qquad (1-1)$$

电流的单位为安培（A）。

（2）电流的实际方向。规定正电荷移动的方向为电流的实际方向。

（3）参考方向。复杂电路实际无法确定电流方向，参考方向为分析电路前任意假定的方向，一旦确定一般不再改变。

（4）实际方向与参考方向的关系。如果实际电流方向与参考方向一致，那么电流数值为正值；如果实际电流方向与参考方向相反，那么电流数值为负值。

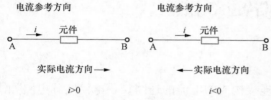

图1-3　电流参考方向与实际方向关系图

或者如果解出的电流数值为正值，说明假设的参考方向就是实际电流方向；如果解出的电流数值为负值，说明假设的参考方向与实际电流方向相反，其关系如图1-3所示。

1.2.2　电压　A类考点

（1）电压的大小。单位正电荷从A点移到B点电场力做的功为电压的大小，即：

$$u_{\mathrm{AB}} = \frac{\mathrm{d}W_{\mathrm{AB}}}{\mathrm{d}q} \qquad (1-2)$$

电压的单位为伏特（V）。

（2）电压的实际方向。电压的实际方向从确定的高电位点"＋"指向低电位点"－"。

（3）参考方向。分析电路前任意假定的方向为参考方向，一旦确定一般不再改变。

（4）实际方向与参考方向的关系。如果实际电压方向与参考方向一致，那么电压为正值；如果实际电压方向与参考方向相反，那么电压为负值。

或者如果解出的电压数值为正值，说明假设的参考方向就是实际电压方向；如果解出的电压数值为负值，说明假设的参考方向与实际电压方向相反，其关系如图1-4所示。

注意：对电路进行分析前，应先标出各处电压、电流的参考方向。

（5）电位的概念。

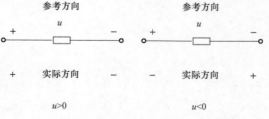

图1-4　电压参考方向与实际方向关系图

电路中某一点相对参考点的电压即为电位。参考点的电位等于零。

电路中，电位与参考点的选择有关，参考点改变，电位值也随之改变。但两点间的电压降与参考点的选择无关，即使参考点改变，两点间的电压降也不变。

电位是相对的量，电压的大小等于两点间的电位差。

借助电位的概念可以化简电路图，如图 1-5 所示。

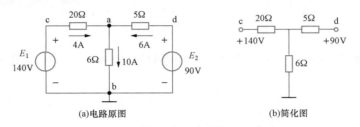

图 1-5　借助电位的概念、可化简电路图

1.2.3　关联参考方向　A 类考点

在分析电路前，电压和电流的参考方向可以任意假定，若假定的电压和电流的参考方向相同，则称为关联参考方向，否则称为非关联参考方向，如图 1-6 所示。

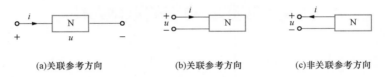

图 1-6　关联与非关联参考方向

注意：

（1）分析电路前必须选定电压和电流的参考方向。

（2）参考方向一经选定，在计算过程中不得随意改变。

（3）参考方向不同时，其表达式相差一个负号，但电压、电流的实际方向不变。

1.3　电 功 率 和 能 量

1.3.1　电功率　A 类考点

电功率为单位时间内电场力所做的功

$$p = \frac{\mathrm{d}w}{\mathrm{d}t} = ui \tag{1-3}$$

功率的单位为 W（瓦特）。

功率判断方法如下。

（1）根据实际方向判断。若 u 和 i 的实际方向相同，则吸收功率；若 u 和 i 的实际方向相反，则发出功率。

（2）根据参考方向判断。判断方法如图 1-7 所示。

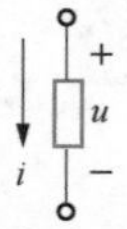 u 和 i 取关联参考方向，p 代表吸收功率： 若 $p>0$ 时，则元件实际在吸收功率； 若 $p<0$ 时，则元件实际在发出功率	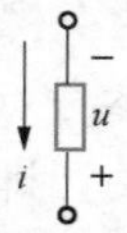 u 和 i 取非关联参考方向，p 代表发出功率： 若 $p>0$ 时，则元件实际在发出功率； 若 $p<0$ 时，则元件实际在吸收功率

图 1-7　根据参考方向判断功率

【例 1-1】　如图 1-8 所示，若已知元件吸收的功率为 $-20\mathrm{W}$，电压 $u=5\mathrm{V}$，则电流 i 为（　　）。

A. 4A　　　　　　　B. $-4\mathrm{A}$　　　　　　　C. 2A　　　　　　　D. $-2\mathrm{A}$

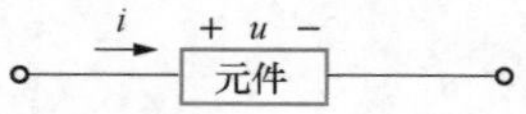

图 1-8　[例 1-1] 电路

1.3.2　能量　B 类考点

能量定义为从 t_0 到 t 元件吸收的电能量：

$$W = \int_{t_0}^{t} p\,\mathrm{d}t$$

电能单位为 J（焦耳）。

1.4　电阻、电容和电感元件

1.4.1　电路分类　B 类考点

1. 集总参数与分布参数

集总参数与分布参数按元件参数空间分布：电路元件的几何尺寸远小于其工作信号波长的电路称为集总参数电路，否则称为分布参数电路（如远距离传输线）。集总元件假定发生的电磁过程都集中在元件内部进行。

2. 线性电路与非线性电路

按电路性质，电路可分为线性电路和非线性电路。若元件的电路特性为直线，则元件为线性元件，若组成电路的所有元件为线性，则电路为线性电路。非线性电路中，组成电路的元件至少有一个为非线性。描述线性电路特性的所有方程都是线性代数方程或线性微积分方程。

3. 时变电路与非时变电路

按元件参数与时间关系，电路可分为时变电路和非时变电路。元件参数不随时间变化的为非时变元件，非时变电路全部由非时变元件组成。时变电路中，组成电路的元件至少有一个为时变的。

1.4.2　电阻元件　A 类考点

（1）定义。对电流呈现阻力的元件为电阻元件。R 的大小取决于材料的电阻率 ρ、长度 l 和面积 s：

$$R = \rho \frac{l}{s} \tag{1-4}$$

电阻 R 的单位为 Ω（欧姆）。电导 G 是电阻的倒数，单位为 S（西门子）。

注意：电导 G 的串、并联计算规律。

（2）伏安特性（VCR）。非关联参考方向欧姆定律要加入负号，如图 1-9 所示。

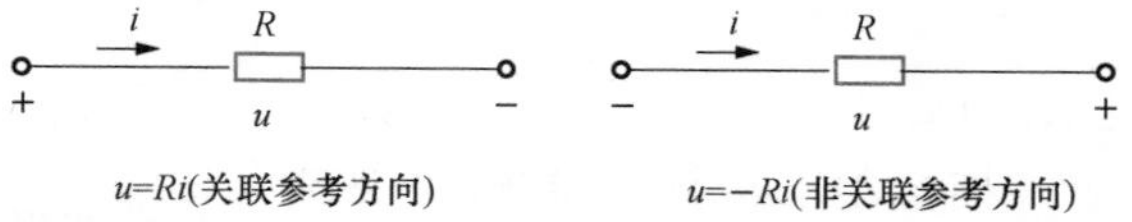

$u=Ri$(关联参考方向)　　　　$u=-Ri$(非关联参考方向)

图 1-9　电阻的伏安特性图

（3）功率。在关联参考方向下，电阻吸收的功率为

$$p = ui = i^2R = \frac{u^2}{R}$$

公式表明电阻是耗能元件，同时电阻也是无源元件与非记忆元件。

【例 1-2】一个由线性电阻构成的电器，从 220V 的电源上吸收了 1000W 的功率，若将此电器接到 110V 的电源上，则吸收的功率为（　　）。

A. 1000W　　　　　　B. 2000W　　　　　　C. 500W　　　　　　D. 250W

1.4.3　电感元件　A 类考点

（1）定义。电感元件是一种储存磁场能量的元件。当线圈流过电流 i_L 时，线性电感满足韦安特性 $\Psi_L = Li$。电感单位为 H（亨利简称亨），常用单位还有毫亨（mH）。

（2）伏安特性（VCR）（关联参考方向）。

$$u = \frac{\mathrm{d}\psi}{\mathrm{d}t} = L\frac{\mathrm{d}i}{\mathrm{d}t} \tag{1-5}$$

可见：①电感上的电压大小与电流的变化率成正比，正负与电流是增大还是减小有关。②在直流稳态电路中，电感元件中的电流不变，电感元件相当于短路。③电感具有通直流阻交流的作用。④若电感两端电压为有限值，则电感中的电流连续变化。

注意：当电压 u_L 与电流 i_L 取非关联参考方向时，式（1-5）变为：

$$u_L(t) = -L\frac{di_L}{dt} \tag{1-6}$$

（3）功率和能量。

电感吸收的功率为：

$$p = ui = Li\frac{\mathrm{d}i}{\mathrm{d}t}$$

电感元件储存的磁场能量为：

$$W = \frac{1}{2}Li_L^2 \tag{1-7}$$

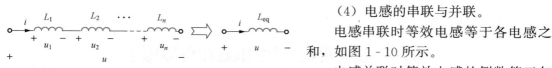

图 1-10　电感的串联等效电路图

$$L_{eq} = L_1 + L_2 + \cdots L_n$$

（4）电感的串联与并联。

电感串联时等效电感等于各电感之和，如图 1-10 所示。

电感并联时等效电感的倒数等于各电感倒数之和，如图 1-11 所示。

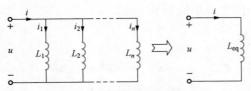

图 1-11　电感的并联等效电路图

$$\frac{1}{L_{eq}}=\frac{1}{L_1}+\frac{1}{L_2}+\cdots\frac{1}{L_n}$$

1.4.4　电容元件　A 类考点

（1）定义。电容元件是一种储存电场能的元件，单位为法拉（F）。线性电容满足库伏特性，即

$$q = Cu \tag{1-8}$$

（2）伏安特性（VCR）（关联参考方向）。

$$i_C(t) = C\frac{du_C}{dt} \tag{1-9}$$

可见：①电容中电流大小与两端的电压变化率成正比，正负与电压是增大还是减小有关。②在直流稳态电路中，电容中电流为零，相当于开路。③电容具有隔直流通交流的作用。④若电容电流为有限值，则电容两端电压连续变化。

注意：当电容电压 u_C 与电流 i_C 取非关联参考方向时，式（1-9）变为：

$$i_C(t) = -C\frac{du_C}{dt}$$

（3）功率和能量。

电容吸收的功率为：

$$p = u_C i_C = C\frac{du_C}{dt}u_C$$

电容储存的电能为：

$$W = \frac{1}{2}Cu_C^2(t) \tag{1-10}$$

（4）电容的串联与并联。

电容串联时等效电容的倒数等于各电容倒数之和，如图 1-12 所示。

电容并联时等效电容等于各电容之和，如图 1-13 所示。

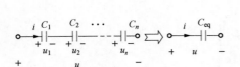

图 1-12　电容的串联等效图

$$\frac{1}{C_{eq}}=\frac{1}{C_1}+\frac{1}{C_2}+\cdots+\frac{1}{C_n}$$

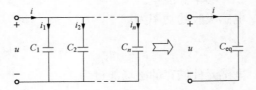

图 1-13　电容的并联等效图

$$C_{eq}=C_1+C_2+\cdots+C_n$$

1.5　独立电源（电压源和电流源）

1.5.1　实际电源的模型　A 类考点

实际电压源和实际电流源的模型如图 1-14 所示。

1.5.2　理想电压源　A 类考点

（1）定义。端电压恒定、内电阻为零的电压源为理想电压源。

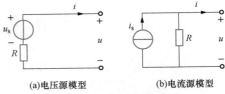

图 1 - 14　实际电源模型

（2）伏安特性 VCR：$u = u_s$。

（3）性质。①端电压由电源本身决定，与外电路无关，与流经它的电流的方向、大小也无关。②通过电压源的电流由电源及外电路共同决定。③不能短路。

理想电压源的符号、伏安特性及性质如图 1 - 15 所示。

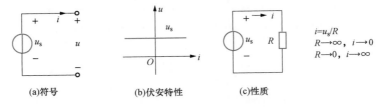

图 1 - 15　理想电压源

【例 1 - 3】图 1 - 16 所示电路中，当 R_1 增加时，电流 I_2 将（　　）。

A. 变大　　　　　B. 变小　　　　　C. 不变　　　　　D. 不确定

图 1 - 16　［例 1 - 3］图

1.5.3　理想电流源　A 类考点

（1）定义。输出电流恒定，内电阻无穷大的电流源为理想电流源。

（2）伏安特性 VCR：$i = i_s$。

（3）性质。①输出电流由电源本身决定，与外电路无关，与它两端电压的方向、大小也无关。②电流源两端的电压由电源及外电路共同决定。③不能开路。

理想电流源的符号、伏安特性及性质如图 1 - 17 所示。

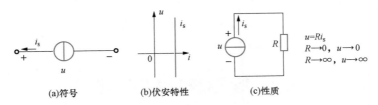

图 1 - 17　理想电流源

【例 1 - 4】图 1 - 18 所示电路中，当 R_1 增加时，电压 U_2 将（　　）。

A. 变大　　　　　　　　　　　B. 变小

C. 不变　　　　　　　　　　　D. 不确定

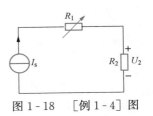

图 1 - 18　［例 1 - 4］图

1.6　受控电源　A 类考点

受控源为非独立电源，电源的输出电压或输出电流是由另一处的电压或电流控制。受控源可分为四类：电压控制电压源（VCVS）、电流控制电压源（CCVS）、电压控制电流源（VCCS）和电流控制电流源（CCCS），如图 1-19 所示。

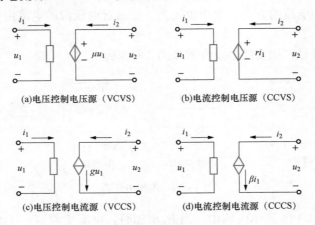

(a)电压控制电压源（VCVS）　　(b)电流控制电压源（CCVS）

(c)电压控制电流源（VCCS）　　(d)电流控制电流源（CCCS）

图 1-19　受控源

图中 μ、r、g、β 为控制系数，其中 r 的量纲为 Ω（欧姆），g 的量纲为 S（西门子），μ 和 β 没有量纲。

注意：

(1) 受控电压源和受控电流源的符号是有区别的。

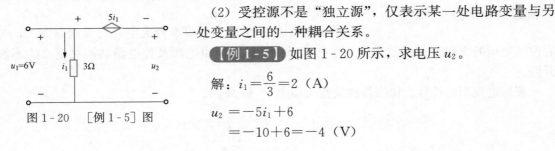

图 1-20　[例 1-5] 图

(2) 受控源不是"独立源"，仅表示某一处电路变量与另一处变量之间的一种耦合关系。

【例 1-5】如图 1-20 所示，求电压 u_2。

解：$i_1 = \dfrac{6}{3} = 2$（A）

$$u_2 = -5i_1 + 6$$
$$= -10 + 6 = -4\ (\text{V})$$

1.7　基 尔 霍 夫 定 律

1.7.1　名词介绍　B 类考点

根据给定电路图，识别出电路的支路、结点和回路，如图 1-21 所示。

1. 支路

广义：一个二端元件为一条支路，则 b（branch）$=5$。

狭义：流过同一电流的分支称为一条支路，则 $b=3$。（常用）

2. 结点

广义：支路间的连接点即为结点，n（node）$=4$。

狭义：三条和三条以上的支路连接点为结点，$n=2$。a 和 b 为两个结点。（常用）

3. 回路

由支路组成的闭合路径称为回路，如图 1 - 22 所示。

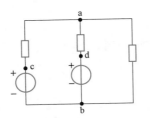

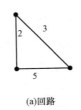

(a)回路

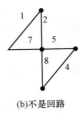

(b)不是回路

图 1 - 21　电路的支路、
结点和回路

图 1 - 22　回路示意图

回路满足：①连通；②每个结点关联 2 条支路。

4. 网孔

内部不含任何支路的回路为网孔。

注意：网孔是回路，但回路不一定是网孔。网孔只适用于平面电路。

1.7.2　基尔霍夫电流定律（KCL）　A 类考点

集中参数电路中，对于任意结点，任何时刻流出该结点的电流的代数和等于零，即

$$\sum_{b=1}^{m} i(t) = 0 \tag{1 - 11}$$

或集中参数电路中，对于任意结点，任何时刻流入该结点的电流之和等于流出的电流之和

$$\sum i_i = \sum i_o \tag{1 - 12}$$

KCL 实质上是电荷守恒和电流连续性的体现。

【例 1 - 6】 如图 1 - 23 所示，列写 KCL 方程。

解：$-I_1 - I_2 + I_3 = 0$

或 $I_1 + I_2 = I_3$

【例 1 - 7】 如图 1 - 24 所示，列写 KCL 方程。

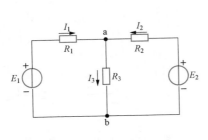

图 1 - 23　［例 1 - 6］图

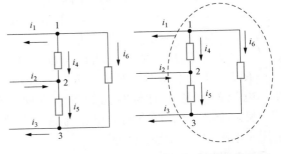

图 1 - 24　［例 1 - 7］图

1 结点：$i_1+i_4+i_6=0$

2 结点：$-i_2-i_4+i_5=0$

3 结点：$i_3-i_5-i_6=0$

扩展：$i_1-i_2+i_3=0$

图 1-24 表明，KCL 可推广应用于电路中包围多个结点的任一闭合面（又称高斯面、广义结点）。

【例 1-8】 如图 1-25 所示，求 I 的值。

解：图中左右两部分电路中间只有 1 条支路相连，所以 $I=0$。

【例 1-9】 如图 1-26 所示，确定图中电流表达式。

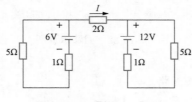
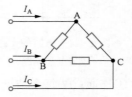

图 1-25　[例 1-8] 图　　　　　　图 1-26　[例 1-9] 图

解：$I_A+I_B+I_C=0$

【例 1-10】 如图 1-27 所示，求电流 $I=$（　　　）。

A. $-1A$　　　　　　B. $1A$　　　　　　C. $-5A$　　　　　　D. $5A$

注意：（1）KCL 是电荷守恒和电流连续性原理在电路中任意结点处的反映。

（2）KCL 是对结点处支路电流加的约束，与支路上接的是什么元件无关，与电路是线性还是非线性无关。

（3）KCL 方程是按电流参考方向列写的，与电流实际方向无关。

图 1-27　[例 1-10] 图

1.7.3　基尔霍夫电压定律（KVL）　　A 类考点

对集总参数电路，任一时刻，沿任一回路绕行一周，电压的代数和恒等于零。

$$\sum_{b=1}^{m}u(t)=0 \quad \text{或} \quad \sum u_降=\sum u_升 \tag{1-13}$$

根据图 1-28 基尔霍夫电压定律得到：

$$-U_1-U_{s1}+U_2+U_3+U_4+U_{s4}=0$$

$$U_2+U_3+U_4+U_{s4}=U_1+U_{s1}$$

$$-R_1I_1+R_2I_2-R_3I_3+R_4I_4=U_{s1}-U_{s4}$$

$$-R_1I_1-U_{s1}+R_2I_2-R_3I_3+R_4I_4+U_{s4}=0$$

电压、电流的参考方向与网孔的参考方向一致时取"＋"，反之取"－"；两点间的电压与路径无关。KVL 也适用于电路中任一假想的回路。

【例 1-11】 如图 1-29（a）所示，求 $U_{ba}=$（　　　）。

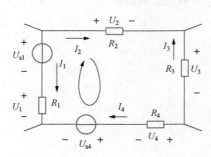

图 1-28　基尔霍夫电压定律

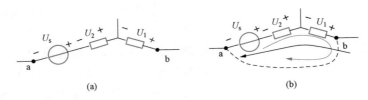

图 1-29　［例 1-11］图

解：由图 1-29（b）可知：$U_{ba}=U_1+U_2+U_s$。

注意：（1）KCL、KVL 只用在集中参数电路中（分布参数不适用）。

（2）KCL、KVL 与元件的性质无关，所以线性与非线性电路均适用。

（3）KVL 方程是按电压参考方向列写，与电压实际方向无关。

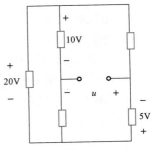

图 1-30　［例 1-12］图

【例 1-12】如图 1-30 所示，求电压 $u=$（　　　）。

A. -15V　　　　　　　　　　　B. -25V

C. 15V　　　　　　　　　　　D. 25V

习题

（1）电流的大小用电流强度来表示，其数值等于单位时间内穿过导体横截面的（　　）代数和。

A. 电流　　　　　B. 电量（电荷）　　　　C. 电流强度　　　　D. 功率

（2）在分析电路时，对电流的参考方向进行任意假设是否影响计算结果的正确性？（　　）

A. 是　　　　　　　　B. 否

（3）电流与电压为关联参考方向是指（　　）。

A. 电流参考方向与电压降参考方向一致　　　B. 电流参考方向与电压升参考方向一致

C. 电流实际方向与电压升实际方向一致　　　D. 电流实际方向与电压降实际方向一致

（4）电路电压与电流参考方向如图 1-31 所示，已知 $U<0$，$I>0$，则电压与电流的实际方向为（　　）。

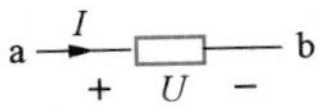

a ─ I ─[　]─ b
　　　+　U　−

图 1-31　习题 4 图

A. a 点为高电位，电流由 a 至 b

B. a 点为高电位，电流由 b 至 a

C. b 点为高电位，电流由 a 至 b

D. b 点为高电位，电流由 b 至 a

（5）某电路中，已知 a 点电位 $U_a=-3\text{V}$，b 点电位 $U_b=12\text{V}$，则电位差 $U_{ab}=$（　　　）。

A. -3V　　　　　B. 12V　　　　　C. 15V　　　　　D. -15V

（6）电路中电压在某参考方向下为负值，说明（　　）。

A. 实际方向与参考方向相反　　　　　B. 实际方向与参考方向相同

C. 不能确定实际方向　　　　　　　　D. 参考方向假设错了

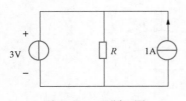

图 1-32 习题 7 图

（7）图 1-32 电路中若电阻 R 未知，则（   ）功率。

A. 电压源发出功率，电流源发出功率

B. 电压源吸收功率，电流源发出功率

C. 电压源发出功率，电流源吸收功率

D. 电压源功率不确定，电流源发出功率

（8）电路如图 1-33 所示，若 $U_s > I_s R$，$I_s > 0$，$R > 0$，则（   ）。

A. 电阻吸收功率，电压源与电流源发出功率

B. 电阻与电压源吸收功率，电流源发出功率

C. 电阻与电流源吸收功率，电压源发出功率

D. 电流源吸收功率，电压源发出功率

（9）图 1-34 电路中电阻吸收（   ）功率，电流源发出（   ）功率，电压源发出（   ）功率。

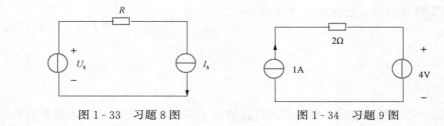

图 1-33 习题 8 图   图 1-34 习题 9 图

A. −2W 6W −4W   B. 2W −6W −4W

C. 2W 6W −4W   D. 2W 6W 4W

（10）导体的电阻不仅与导体的长度、截面有关，而且与导体的（   ）有关。

A. 温度   B. 湿度   C. 距离   D. 材质

（11）一段导线的电阻为 R，将其从中对折成新的导线，则其电阻为（   ）。

A. $2R$ B. R C. R/Q D. $R/4$

（12）纯电容元件在电路中（   ）电能。

A. 储存   B. 分配   C. 消耗   D. 改变

（13）电阻 R 上电压 u 与电流 i 为非关联参考方向，$i = 1A$，$p = ui = -10W$，则电阻 R 等于（   ）。

A. 1Ω B. 10Ω C. -10Ω D. -1Ω

（14）电容器在充电和放电过程中，充放电电流与（   ）成正比。

A. 电容器两端电压   B. 电容器两端电压的变化率

C. 电容器两端电压的变化量   D. 与电压无关

（15）电容元件在直流电路中可视为（   ）。

A. 开路   B. 短路   C. 不能确定

（16）一般情况下，一个电容上的（   ）。

A. 电压不能突变

B. 电流不能突变

C. 电压及电流均不能突变

（17）对于电容元件正确的伏安关系应是（　　）。

A. $u_C(t) = \dfrac{di_C(t)}{dt}$

B. $i_C(t) = \dfrac{1}{C}\dfrac{du_C(t)}{dt}$

C. $u_C(t) = \dfrac{1}{C}\int i_C(t)\,dt$

D. $i_C(t) = \dfrac{du_C(t)}{dt}$

（18）在直流稳态电路中，电感（　　）。

A. 相当于短路

B. 相当于开路

C. 短路和开路视具体情况而定

（19）对于电感元件正确的伏安关系应是（　　）。

A. $u_L(t) = L\dfrac{di_L(t)}{dt}$

B. $i_L(t) = \dfrac{1}{L}\cdot\dfrac{du_L(t)}{dt}$

C. $u_L(t) = \dfrac{1}{L}\int_{-\infty}^{t} i_L(\tau)\,d\tau$

D. $i_L(t) = \dfrac{du_L(t)}{dt}$

（20）电路如图 1 - 35 所示，开关 S 闭合后，电压表的读数将如何变化？（　　）

A. 减小

B. 增大

C. 不定

D. 不变

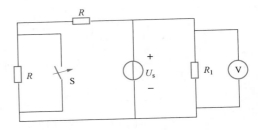

图 1 - 35　习题 20 图

（21）恒流源的特点是（　　）。

A. 端电压不变

B. 输出功率不变

C. 输出电流不变

D. 内部损耗不变

（22）实际电压源对外供电，若负载增大，则端电压（　　）。

A. 不变　　　　　　　B. 增大　　　　　　　C. 减小　　　　　　　D. 不确定

（23）如图 1 - 36 所示，电路中 $U = $（　　），$I = $（　　）。

A. $-5V$　　$2A$　　　　B. $-5V$　　$-2A$　　　C. $5V$　　$-2A$　　　D. $5V$　　$2A$

（24）如图 1 - 37 所示，a 点电位为（　　）。

A. $-1V$　　　　　　　B. $1V$　　　　　　　C. $5V$　　　　　　　D. $2V$

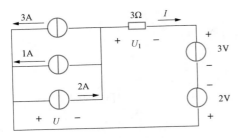

图 1 - 36　习题 23 图

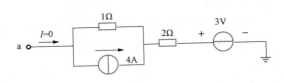

图 1 - 37　习题 24 图

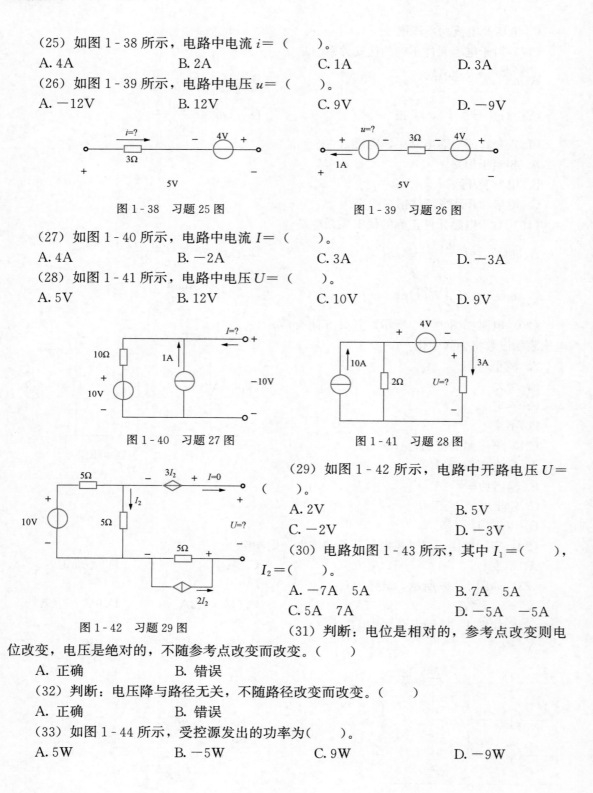

(25) 如图 1-38 所示，电路中电流 $i=$（　　）。

A. 4A　　　　　　B. 2A　　　　　　C. 1A　　　　　　D. 3A

(26) 如图 1-39 所示，电路中电压 $u=$（　　）。

A. $-12V$　　　　B. 12V　　　　　C. 9V　　　　　D. $-9V$

图 1-38　习题 25 图

图 1-39　习题 26 图

(27) 如图 1-40 所示，电路中电流 $I=$（　　）。

A. 4A　　　　　　B. $-2A$　　　　C. 3A　　　　　D. $-3A$

(28) 如图 1-41 所示，电路中电压 $U=$（　　）。

A. 5V　　　　　　B. 12V　　　　　C. 10V　　　　　D. 9V

图 1-40　习题 27 图

图 1-41　习题 28 图

图 1-42　习题 29 图

(29) 如图 1-42 所示，电路中开路电压 $U=$（　　）。

A. 2V　　　　　　　　　　　B. 5V

C. $-2V$　　　　　　　　　　D. $-3V$

(30) 电路如图 1-43 所示，其中 $I_1=$（　　），$I_2=$（　　）。

A. $-7A$　5A　　　　　　　　B. 7A　5A

C. 5A　7A　　　　　　　　　D. $-5A$　$-5A$

(31) 判断：电位是相对的，参考点改变则电位改变，电压是绝对的，不随参考点改变而改变。（　　）

A. 正确　　　　　　B. 错误

(32) 判断：电压降与路径无关，不随路径改变而改变。（　　）

A. 正确　　　　　　B. 错误

(33) 如图 1-44 所示，受控源发出的功率为（　　）。

A. 5W　　　　　　B. $-5W$　　　　C. 9W　　　　　D. $-9W$

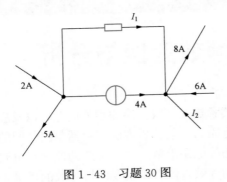

图 1-43 习题 30 图   图 1-44 习题 33 图

第2章

线性电阻电路的等效变换与分析

本章内容主要分为两部分，一部分是帮助读者建立等效变换的相关概念，以及应用等效变换进行电路的化简或求解；另一部分为电阻电路的一般分析方法，包括电路的图的相关概念，以及支路电流法、回路电流法、结点电压法等电路求解方法。等效的概念在电路分析中非常重要，等效部分主要讲解的是一端口电路的等效，读者不仅要掌握等效的规则，还要通过练习掌握等效的一些常用方法和技巧，包括含源网络和无源网络的等效方法。读者在利用电阻电路的一般分析方法求解电路时，应重点掌握列方程的规则，还要掌握一些特殊电路的处理方法。

2.1　电路等效的概念　A类考点

在电路求解过程中，利用等效变换可以使求解简单，如图 2-1 所示。

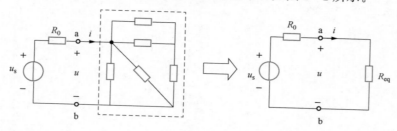

图 2-1　电路等效变换

等效变换的条件为两电路（一端口电路）具有相同的 VCR（电压、电流关系）。

等效变换的求解对象为外电路（未发生改变）中的电压、电流和功率（即对外等效，对内不等效，注意等效过程中区分内外电路）。

等效变换的目的是简化电路。

2.2　电阻的串联和并联

2.2.1　电阻的串联　A类考点

（1）共同量：电流。

（2）等效电阻见图 2-2：

$$R_{eq} = \frac{u}{i} = R_1 + R_2 + R_3 + \cdots + R_n = \sum_{k=1}^{n} R_k \qquad (2-1)$$

（3）分压公式

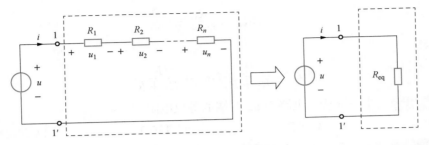

图 2 - 2　等效电阻模型

$$u_k = R_k i = \frac{R_k}{R_{eq}} u \quad (k = 1, 2, 3, \cdots, n) \tag{2-2}$$

（4）两个电阻的串联分压公式（见图 2 - 3）：

$$u_1 = \frac{R_1}{R_1 + R_2} u, u_2 = \frac{R_2}{R_1 + R_2} u$$

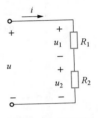

2.2.2　电阻的并联　A 类考点

（1）共同量：电压。

（2）等效电导（见图 2 - 4）：

图 2 - 3　电阻的
串联分压

$$G_{eq} = G_1 + G_2 + G_3 + \cdots + G_k + \cdots + G_n = \sum_{k=1}^{n} G_k \tag{2-3}$$

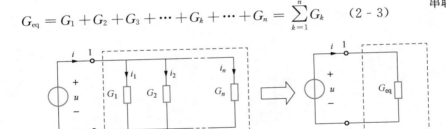

图 2 - 4　等效电导模型

（3）分流公式

$$i_k = G_k u = \frac{G_k}{G_{eq}} i \quad (k = 1, 2, 3, \cdots, n) \tag{2-4}$$

（4）两个电阻并联的等效模型如图 2 - 5 所示。

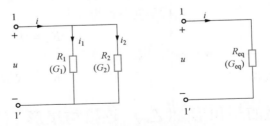

图 2 - 5　两个并联电阻的等效模型

等效电阻为

$$R_{eq} = \frac{R_1 R_2}{R_1 + R_2}$$

分流公式

$$i_1 = \frac{R_2}{R_1 + R_2}i, i_2 = \frac{R_1}{R_1 + R_2}i$$

【例2-1】 图2-6所示电路中a、b端的等效电阻R_{ab}为（　　）。

A. 100Ω　　　　　B. 50Ω　　　　　C. 150Ω　　　　　D. 200Ω

【例2-2】 图2-7所示电路中$R_{ab}=$（　　）。

A. 10Ω　　　　　B. 5Ω　　　　　C. 20Ω　　　　　D. 150Ω

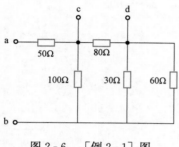

图2-6　　[例2-1]图

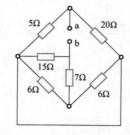

图2-7　　[例2-2]图

笔记

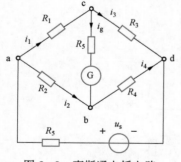

2.2.3　惠斯通电桥　B类考点

在如图2-8所示的电桥电路中，当c点电位与b点电位相等时，流过电阻R_5的电流为零，此时电桥达到平衡，电阻R_5所在支路可以去掉，也可以短接。

电桥平衡条件为：

$$R_1/R_3 = R_2/R_4$$

或对臂电阻乘积相等

$$R_1 R_4 = R_2 R_3$$

图2-8　惠斯通电桥电路

2.3　电阻的三角形（△）连接与星形（Y）连接

三角形（△）连接与星形（Y）连接是两种特殊的连接关系，如图2-9所示。

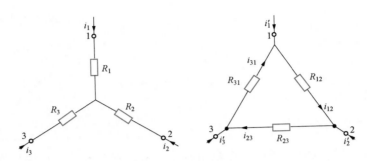

图 2 - 9　Y 与 △ 连接的等效变换

2.3.1　△连接转换到 Y 连接　A 类考点

$$R_1 = \frac{R_{12}R_{31}}{R_{12} + R_{23} + R_{31}}, R_2 = \frac{R_{23}R_{12}}{R_{12} + R_{23} + R_{31}}, R_3 = \frac{R_{31}R_{23}}{R_{12} + R_{23} + R_{31}}$$

结论：

$$Y\ \text{电阻} = \frac{\triangle\ \text{相邻电阻之积}}{\triangle\ \text{电阻之和}} \tag{2-5}$$

2.3.2　Y 连接转换到△连接　A 类考点

$$R_{12} = \frac{R_1R_2 + R_2R_3 + R_3R_1}{R_3}, R_{23} = \frac{R_1R_2 + R_2R_3 + R_3R_1}{R_1}, R_{31} = \frac{R_1R_2 + R_2R_3 + R_3R_1}{R_2}$$

结论：

$$\triangle\ \text{电阻} = \frac{Y\ \text{电阻两两积之和}}{Y\ \text{不相邻电阻}} \tag{2-6}$$

当△连接的三个电阻相等，且都等于 $R_\triangle$ 时，那么由式（2-5）可知，等效为 Y 连接的三个电阻也必然相等，记为 R_Y；反之亦然，并有 $R_Y = R_\triangle/3$。

【例 2 - 3】　求图 2 - 10（a）所示电路图中 R 上的电流。

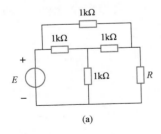 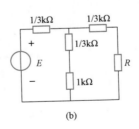 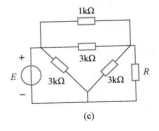

图 2 - 10　[例 2 - 3] 图

解：化简电路如图 2 - 10（b）、（c）所示。

【例 2 - 4】　在如图 2 - 11 所示电路中，AB 端的等效电阻 R_{AB} 为（　　）。

A. 100Ω

B. 150Ω

C. 50Ω

D. 120Ω

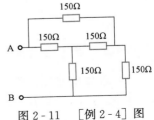

图 2 - 11　[例 2 - 4] 图

【例 2 - 5】 已知接成 Y 形的 3 个电阻都是 30Ω，则等效成△形的 3 个电阻的阻值为
（　　）。

A. 均为 10Ω　　　　　　　　　　　B. 两个 30Ω，一个 90Ω

C. 均为 90Ω

2.4　电源的等效变换

2.4.1　理想电压源的等效变换　A 类考点

（1）理想电压源的串联：$u_s = \sum u_k$（代数和），如图 2 - 12 所示。

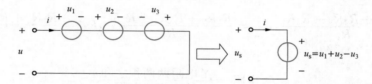

图 2 - 12　理想电压源的串联

注意：u_k 的参考方向与等效电压 u 的参考方向相同时取正，相反时取负。

（2）理想电压源并联必须大小相等、方向相同。等效为其中任一个电压源的电压。

（3）理想电压源与其他任意元件并联等效成电压源本身（可以去掉多余元件），如图
2 - 13 所示。

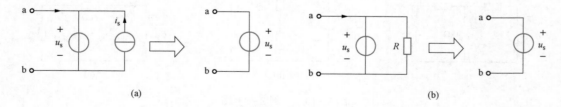

图 2 - 13　理想电压源与其他任意元件并联

2.4.2　理想电流源的等效变换　A 类考点

（1）理想电流源并联：$i_s = \sum i_k$（代数和），如图 2 - 14 所示。

注意：i_k 的参考方向与等效电流 i 的参考方向相同时取正，相反时取负。

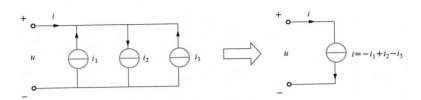

图 2-14 理想电流源的并联

（2）理想电流源串联必须大小相等、方向相同。等效为其中任一个电流源的电流。

（3）理想电流源与其他任意元件串联等效成电流源本身（可以去掉多余元件），如图 2-15 所示。

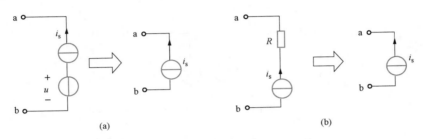

(a) (b)

图 2-15 元件与理想电流源的串联

【例 2-6】 电路如图 2-16 所示，求电流源上的电压 $U=$（ ）V。

A. 10 B. 12 C. 8 D. 14

【例 2-7】 电路如图 2-17 所示，开关 S 由打开到闭合，电路内发生变化的是（ ）。

A. 电压 U B. 电流 I C. 电压源的功率 D. 电流源的功率

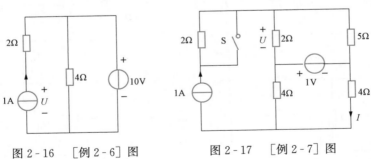

图 2-16 ［例 2-6］图   图 2-17 ［例 2-7］图

2.4.3 实际电源的等效变换 A 类考点

（1）实际电源的两种模型如图 2-18 所示。

（2）电源两种模型的等效变换关系如图 2-19 所示。

注意：

①i_s 的参考方向与 u_s 的参考方向相反。

②内电阻 R 不变。

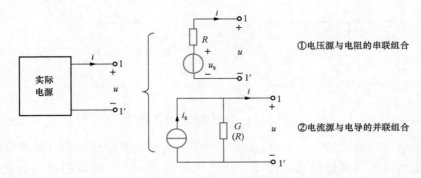

图 2-18　实际电源的两种模型

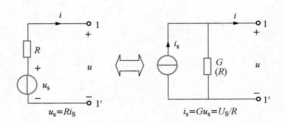

图 2-19　两种电源模型的等效变换

③只对外等效，对内不等效。

④理想电压源和理想电流源之间不能进行等效变换。

【例 2-8】　电路如图 2-20（a）所示，求流过负载 R_L 的电流 I。

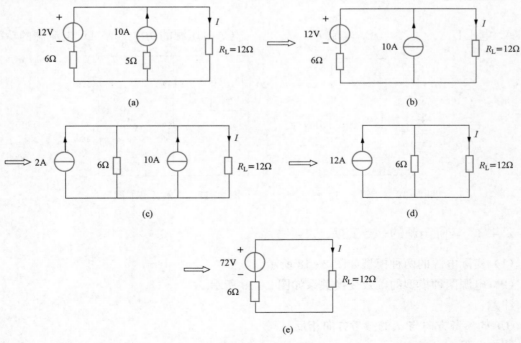

图 2-20　[例 2-8] 图

解：变换过程如图 2 - 20（b）～（e）所示，则

$$I = \frac{72}{6+12} = 4(\text{A})$$

【例 2 - 9】 如图 2 - 21（a）所示，求电压 $U =$（　　）。

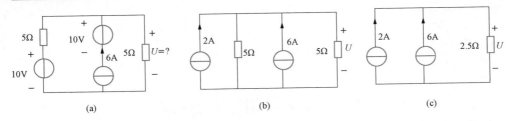

图 2 - 21　［例 2 - 9］图

变换过程如图 2 - 21（b）、（c）所示，则

$$U = (2+6) \times \frac{5 \times 5}{5+5} = 20(\text{V})$$

（3）含受控源的等效变换可用电源变换法，但要注意保留控制量。

【例 2 - 10】 如图 2 - 22（a）所示，已知 $u_s = 12\text{V}$，$R = 2\Omega$，$i_C = gu_R$，$g = 2\text{S}$。求 u_R =（　　）。

解：将图 2 - 22（b）变换为图 2 - 22（c），则

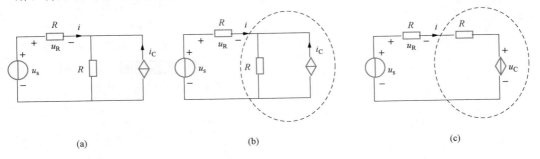

图 2 - 22　［例 2 - 10］图

$$u_C = Ri_C = 2 \times 2 \times u_R = 4u_R$$

所以：

$$Ri + Ri + u_C = u_s$$

得：

$$u_R = 2\text{V}$$

【例 2 - 11】 把图 2 - 23（a）所示电路转换成一个电压源和一个电阻的串联。

解：经过等效变换，可得图 2 - 23（b）进而列出表达式：

$$U = -500I + 2000I + 10 = 1500I + 10$$

所以等效电路如图 2 - 23（c）所示。

电路原理

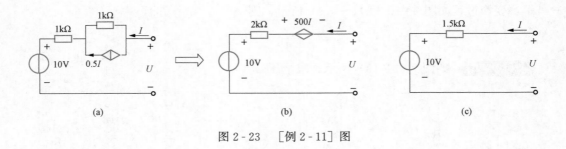

(a)　　　　　　(b)　　　　　　(c)

图 2 - 23　　〔例 2 - 11〕图

2.5　输入电阻　A 类考点

（1）定义。输入电阻是无源二端网络在关联参考方向下端电压与端口电流的比值。

（2）输入电阻求法。

①利用电阻串并联、电路变换（条件：除源以后为纯电阻电路）。

②开路电压/短路电流（条件：内部电路必须含有独立源）。

③外加电源法（定义，无源网络）。

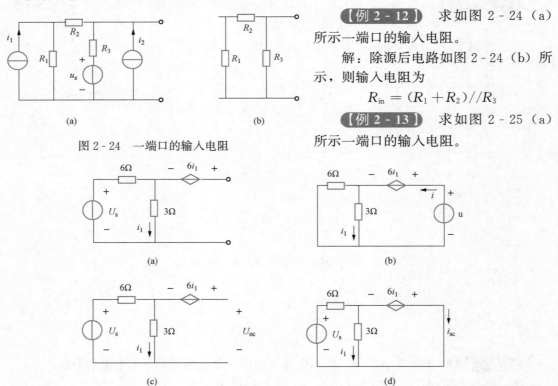

(a)　　　　　　(b)

图 2 - 24　一端口的输入电阻

【例 2 - 12】　求如图 2 - 24（a）所示一端口的输入电阻。

解：除源后电路如图 2 - 24（b）所示，则输入电阻为

$$R_{\text{in}} = (R_1 + R_2)//R_3$$

【例 2 - 13】　求如图 2 - 25（a）所示一端口的输入电阻。

(a)　　　　　　(b)

(c)　　　　　　(d)

图 2 - 25　　〔例 2 - 13〕图

解：方法一：外加电源法，如图 2 - 25（b）所示，则

$$i = i_1 + \frac{3i_1}{6} \quad u = 3i_1 + 6i_1$$

所以：

$$R_{in} = \frac{u}{i} = 6(\Omega)$$

方法二：开路电压比短路电流。

求开路电压，如图 2 - 25（c）所示：

$$i_1 = \frac{U_s}{6+3} = \frac{U_s}{9} \qquad U_{oc} = 3i_1 + 6i_1 = U_s$$

求短路电流，如图 2 - 25（d）所示：

$$3i_1 + 6i_1 = 0$$

可得

$$i_1 = 0, i_{sc} = \frac{U_s}{6}$$

$$R_{in} = \frac{U_{oc}}{i_{sc}} = 6\Omega$$

2.6 电 路 的 图

一个复杂电路图可能有很多回路，每个回路都可以列写 1 个 KVL 方程，但这些方程可能不是相互独立的。要列写相互独立的 KVL 方程，需要按照基本回路列写，而基本回路由 1 条连支＋树支组成，所以列写相互独立的 KVL 方程需要先找到树。

2.6.1　树　C 类考点

（1）树。设图 G 是一个连通图，图 T 是图 G 的一个子图，当图 T 同时满足下列三个条件时，则称图 T 是图 G 的一棵树，如图 2 - 26 所示：①是一个连通的子图。②包含图 G 的全部结点。③不包含回路。

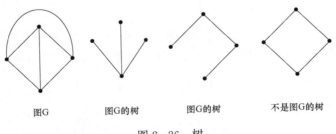

| 图G | 图G的树 | 图G的树 | 不是图G的树 |

图 2 - 26　树

（2）树支。组成树的支路称为树支。①对应一个图有很多的树；②树支的数目是一定的，如果一个图的结点数为 n，则树支数为 $(n-1)$。

（3）连支。除去树支后所剩支路即为连支。如果一个图有 b 条支路、n 个结点，那么该图连支数为 $b-(n-1)$。

例如对于图 2 - 27（a），只画出了图 2 - 27（b）、（c）、（d）共 3 个树，但不止 3 个，图

2-27（e）、（f）不是树。

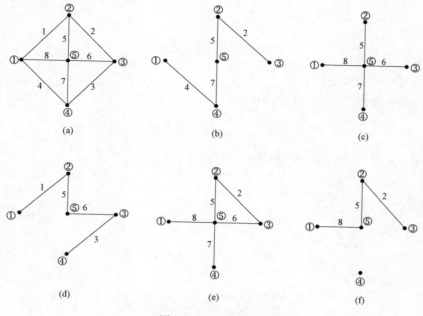

图 2-27　树示意图

2.6.2　基本回路　B类考点

基本回路是建立在树的基础上的，因此首先对图 G 选一棵树，每加一条连支，就和树支形成一个回路，这些回路为基本回路。

（1）一个图有很多基本回路。

（2）基本回路的数目是一定的，为连支数。

（3）平面电路的网孔数等于基本回路数，$l = b_l = b - (n-1)$。

结论：支路数＝树支数＋连支数＝（结点数－1）＋基本回路数。

$$b = (n-1) + l$$

【例 2-14】　图 2-28（a）所示为电路的图，画出三种可能的树及其对应的基本回路。三种可能的树及其对应的基本回路如图 2-28（b）～图 2-28（d）所示。

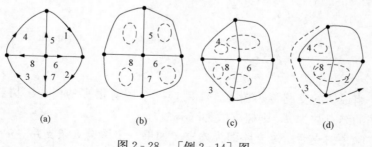

图 2-28　［例 2-14］图

2.7　KCL 和 KVL 的独立方程数　A 类考点

（1）KVL 的独立方程数＝基本回路数＝$b-(n-1)$。

（2）n 个结点、b 条支路的电路，独立的 KCL 方程数为 $n-1$，独立的 KVL 方程数为 $b-n+1$。

【例 2 - 15】 图 2 - 29 所示电路中，结点个数为（　　　），支路个数为（　　　），独立结点个数为（　　　），独立回路个数为（　　　）。

A. 4，9，4，6

B. 4，9，3，7

C. 5，10，3，7

D. 5，10，4，6

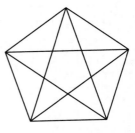

图 2 - 29　[例 2 - 15] 图

【例 2 - 16】 一个具有 8 个结点、9 条支路的电路，有（　　　）个独立的结点方程。

A. 7　　　　　　　　B. 4　　　　　　　　C. 6　　　　　　　　D. 8

【例 2 - 17】 一个具有 n 个结点、b 条支路的电路，可以列写（　　　）个独立的电压方程。

A. $b-(n-1)$　　　　B. $b-n-1$　　　　C. $b-n$　　　　D. $b+n$

2.8　支路电流法　A 类考点

以支路电流作为待求变量，列写方程（KCL 或 KVL）求解电路的方法为支路电流法。

1. 基本思路：列写（KCL 或 KVL）

【例 2 - 18】 电路如图 2 - 30（a）所示，求各支路电流。

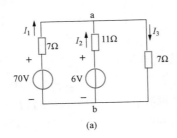
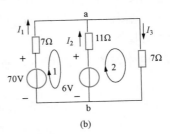

图 2 - 30　[例 2 - 18] 图

解：选回路如图 2 - 30（b）所示。

（1）$n-1=1$ 个 KCL 方程：

对 a 点：
$$-I_1-I_2+I_3=0$$

（2）$b-(n-1)=2$ 个 KVL 方程：

对左网孔：
$$-70+7I_1-11I_2+6=0$$

对右网孔：
$$-6+11I_2+7I_3=0$$

所以

$$I_1=6\text{A},I_2=-2\text{A},I_3=4\text{A}$$

2. 含有无伴电流源

【例 2 - 19】 电路如图 2 - 31（a）所示，列写支路电流方程。

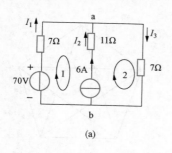 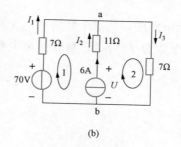 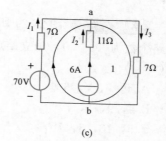

图 2 - 31　[例 2 - 19] 图

解：方法一：如图 2 - 31（b）所示，假设电流源端电压为 U。

（1）$n-1=1$ 个 KCL 方程

对 a 点：
$$-I_1-I_2+I_3=0$$

（2）$b-(n-1)=2$ 个 KVL 方程

对左网孔：
$$-70+7I_1-11I_2+U=0$$

对右网孔：
$$-U+11I_2+7I_3=0$$

增补方程

$$I_2=6$$

这种方法假设了一个电流源电压，列方程比较复杂。

方法二：避开电流源支路取回路，如图 2 - 31（c）所示。

对 a 点：
$$-I_1-I_2+I_3=0$$

避开电流源支路取回路：
$$7I_1+7I_3=70$$

注意：每含一个电流源可以少列一个方程。

3. 电路中含有受控源

【例 2 - 20】 电路如图 2 - 32 所示，列写支路电流方程。

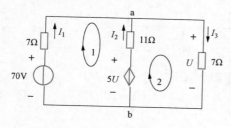

图 2 - 32　[例 2 - 20] 图

对 a 点：　　$-I_1-I_2+I_3=0$

对左网孔：　　$-70+7I_1-11I_2+5U=0$

对右网孔：　　$11I_2+7I_3-5U=0$

增补方程：$U=7I_3$（本质是将控制量用待求量表示出来）

注意：有受控源的电路，方程列写分以下两步：

（1）先将受控源看作独立源列方程。

（2）将控制量用未知量表示，并代入所列的方程，消去中间变量。

28

2.9　网孔电流法　A 类考点

2.9.1　网孔电流的概念

网孔电流是沿着网孔流动的假想的环流，网孔电流合成支路电流。网孔电流法只适合于平面电路。

用网孔电流法列写方程的个数为 $b-(n-1)$，KCL自动满足。

支路电流与网孔电流关系如图 2-33 所示。

支路电流与网孔电流关系：

$$i_{m1}=i_1,\ i_{m2}=i_3,\ i_{m1}-i_{m2}=i_2$$

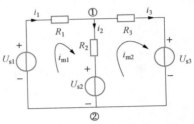

图 2-33　支路电流与网孔电流的关系

2.9.2　网孔电流法

1. KVL 方程列写

$$-U_{s1}+R_1i_1+R_2i_2+U_{s2}=0$$
$$-U_{s2}-R_2i_2+R_3i_3+U_{s3}=0$$

推导过程不需要会

将 $i_{m1}=i_1$，$i_{m2}=i_3$，$i_{m1}-i_{m2}=i_2$ 代入并整理方程组得

$$(R_1+R_2)\,i_{m1}-R_2i_{m2}=U_{s1}-U_{s2}$$
$$-R_2i_{m1}+(R_2+R_3)\,i_{m2}=U_{s2}-U_{s3}$$

电阻上的电压降等于电源上的电压升

其中：

$$自阻\ R_{11}=R_1+R_2,R_{22}=R_2+R_3$$
$$互阻\ R_{12}=R_{21}=-R_2$$

2. 网孔电流方程标准形式

$$R_{11}i_{m1}+R_{12}i_{m2}=u_{s11}$$
$$R_{21}i_{m1}+R_{22}i_{m2}=u_{s22}$$

注意：

（1）自电阻为当前网孔电流所流经的全部电阻之和，取正值。

（2）互电阻。为两个网孔电流共同经过的电阻之和，若流过互阻的两个网孔电流方向相同时互电阻值取正值，反之取负值。

（3）电源：为当前网孔电流所流经的全部电源电压之和，若电源电压的参考方向与网孔电流方向一致时，电源电压值取负值，相反时取正值。

$$u_{11}=u_{s1}-u_{s3}$$

以上是网孔内电压源的代数和。或者也可以按以下规则判断：电压源电压降的方向与网孔电流为关联参考方向时，电压源电压值取负值，相反时取正值。

（4）当电路中没有受控源时，互电阻相等，如 $R_{12}=R_{21}$。

【例 2-21】　电路如图 2-34 所示，用网孔法求流过 6Ω 电阻的电流 i。

解：网孔电流 i_1、i_2 和 i_3 如图 2-34 所示，对应各网孔的 KVL 方程为

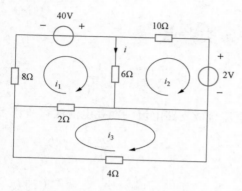

图 2-34　[例 2-21] 图

i_1 网孔

$$(8+6+2)i_1 - 6i_2 - 2i_3 = 40$$

i_2 网孔

$$-6i_1 + (6+10)i_2 = -2$$

i_3 网孔

$$-2i_1 + (2+4)i_3 = 0$$

联立求解得

$$i_1 = 3A, i_2 = 1A, i_3 = 1A$$

所以：$i = i_1 - i_2 = 2A$

3. 含受控源的网孔电流方程

【例 2-22】　电路如图 2-35 所示，求网孔电流 i_1 和 i_2。

解：把受控电压源当作独立电压源处理，两个网孔的 KVL 方程分别为

$$(1+2)i_1 + 2i_2 = u_s$$
$$2i_1 + (2+3)i_2 = 3i$$

由于电路中含有受控电压源，方程中增加了一个变量 i，所以需要再增加一个辅助方程，即

$$i = i_1 + i_2$$

整理得

$$3i_1 + 2i_2 = u_s, \quad -i_1 + 2i_2 = 0$$

由此可见，含受控源的电路整理后的互阻不相等。联立求解得

$$i_1 = \frac{1}{4}u_s, \quad i_2 = \frac{1}{8}u_s$$

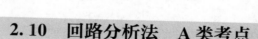

图 2-35　[例 2-22] 图

4. 有伴电流源的处理

先将电流源与电阻的并联转换为电压源与电阻的串联，然后再按照规则列写网孔电流方程。

2.10　回路分析法　A 类考点

当平面电路中含有无伴电流源支路时，可以选择网孔法列方程求解，只是需要引入电流源电压作为变量。

【例 2-23】　列写如图 2-36（a）所示电路的回路电流方程。

解：取网孔为回路，并引入电流源电压为变量 U_i，则：

$$(R_1 + R_2)I_1 - R_2 I_2 = U_{s1} + U_{s2} + U_i$$
$$-R_2 I_1 + (R_2 + R_4 + R_5)I_2 - R_4 I_3 = -U_{s2}$$
$$-R_4 I_2 + (R_3 + R_4)I_3 = -U_i$$

增补方程：

$$I_s = I_1 - I_3$$

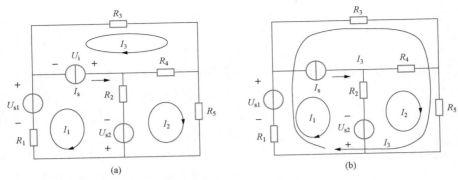

图 2 - 36　［例 2 - 23］图

由此可见，当电路中含有无伴电流源时，选择网孔法列方程的数目较多，求解复杂。若选择适当的回路使电流源处于一个回路中，则该回路电流为电流源电流，如图 2 - 36（b）所示。

根据图 2 - 36（b），有：

$$I_1 = I_s$$
$$-R_2 I_1 + (R_2 + R_4 + R_5)I_2 + R_5 I_3 = -U_{s2}$$
$$R_1 I_1 + R_5 I_2 + (R_1 + R_3 + R_5)I_3 = U_{s1}$$

回路分析法是以基本回路电流作为求解变量，建立 KVL 方程的一种分析方法，与网孔法类似。回路法不仅适用于平面电路，也同样适用于立体电路，但网孔法只能用于平面电路。回路分析法可以建立在树的基础上选择独立回路，而树的选取应尽可能做到：

（1）把电流源选取为连支（连支只通过 1 次回路电流，连支电流＝回路电流）。

（2）把受控源的电流控制量选为连支。

（3）把电压源支路选为树支。

（4）把受控源的电压控制量选为树支。

【例 2 - 24】 试用回路分析法求图 2 - 37（a）所示电路的电压 u。

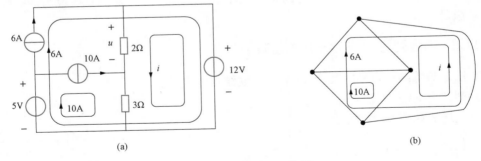

图 2 - 37　［例 2 - 24］图

解：图 2 - 37（b）是图 2 - 37（a）的拓扑图，图中粗线为树。基本回路电流有 3 个，分别为 6A、10A 和 i。由于两个电流源电流被选作回路电流，故只需要列出 i 回路的 KVL 方程即可，为

$$(2+3)i + 3 \times 10 = 12$$

解得

$$i = -3.6(A)$$

所以

$$u = 2i = -7.2(V)$$

由以上的电路分析可知，当一个电路的电流源较多时，在选择了一个合适的"树"的情

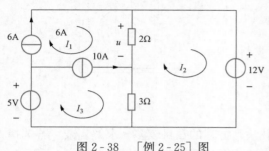

图 2 - 38　[例 2 - 25] 图

况下，采用回路分析法求解电路，可以使求解变量大为减少，因此回路分析法最适合电流源多的电路。

注意：在应用回路分析法时，可以不选择树，但是在选择回路时应当满足电流源只存在于一个回路中（或处于连支上），从而减少方程个数。

【例 2 - 25】　电路如图 2 - 38 所示，若选择网孔为回路，求网孔电流 I_1、I_3。

解：

$$I_1 = 6A$$

$$I_3 - I_1 = 10A$$

所以

$$I_3 = 16A$$

2.11　结点电压法　A 类考点

2.11.1　基本概念

（1）定义。结点电压法是以结点电压为未知量列写电路方程分析电路的方法，适用于结点较少的电路。

（2）方程个数。结点电压法列写的是结点上的 KCL 方程，独立方程数为 $n-1$，KVL 方程自动满足。

2.11.2　方程列写　（不含无伴电压源）

（1）选定参考结点，标明其余 $n-1$ 个独立结点的电压。

（2）列如下 KCL 方程：

结点电压法如图 2 - 39 所示。

$$\left(\frac{1}{R_1} + \frac{1}{R_2}\right)u_{n1} - \left(\frac{1}{R_2}\right)u_{n2} = i_{s1} + i_{s2}$$

$$-\frac{1}{R_2}u_{n1} + \left(\frac{1}{R_2} + \frac{1}{R_3} + \frac{1}{R_4}\right)u_{n2} - \frac{1}{R_3}u_{n3} = 0$$

$$-\left(\frac{1}{R_3}\right)u_{n2} + \left(\frac{1}{R_3} + \frac{1}{R_5}\right)u_{n3} = -i_{s2} + \frac{u_s}{R_5}$$

标准形式为

$$G_{11}u_{n1} + G_{12}u_{n2} + G_{13}u_{n3} = i_{sn1}$$

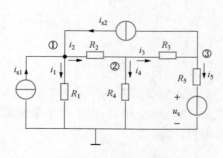

图 2 - 39　结点电压法

$$G_{21}u_{n1} + G_{22}u_{n2} + G_{23}u_{n3} = i_{sn2}$$
$$G_{31}u_{n1} + G_{32}u_{n2} + G_{33}u_{n3} = i_{sn3}$$

其中，$G_{11}=G_1+G_2$，为结点 1 的自电导；G_{ii} 为结点 i 的自电导，总为正值，等于 i 结点上所有支路的电导之和；$G_{12}=G_{21}=-G_2$，为结点 1 与结点 2 之间的互电导；G_{jk} 为结点 j 与结点 k 之间的互电导，总为负值。$i_{sn1}=i_{s1}+i_{s2}$，为流入结点 1 的电流源电流的代数和，流入结点取正号，流出取负号。

注意：

①电路中所有的量均可由结点电压表示，如支路电流可由结点电压表示为

$$i_1 = \frac{u_{n1}}{R_1} \quad i_2 = \frac{u_{n1}-u_{n2}}{R_2} \quad i_3 = \frac{u_{n2}-u_{n3}}{R_3} \quad i_4 = \frac{u_{n2}}{R_4} \quad i_5 = \frac{u_{n3}-u_s}{R_5}$$

②结点电压自动满足基尔霍夫电压定律（KVL），所以结点电压法不能利用 KVL 列方程，只能根据 KCL 建立方程。

③如果一个电路有 n 个结点、b 条支路，那么结点电压法变量的数目为 $n-1$。

思考：如图 2-40 所示，若 i_{s2} 支路添加一个电阻 R，如何列方程？

注意：与电流源串联的电阻在列写结点电压方程时不起作用，结点电压对于电流源与电阻串联是外电路，可以去掉多余元件。

【例 2-26】 电路如图 2-41 所示，试列写电路的结点电压方程。

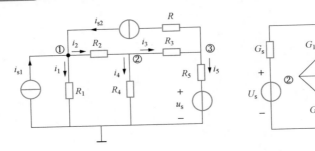
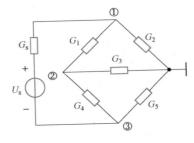

图 2-40　思考题图　　　　图 2-41　[例 2-26] 图

解：①结点：$(G_1+G_2+G_s)U_1-G_1U_2-G_sU_3=G_sU_s$

②结点：$-G_1U_1+(G_1+G_3+G_4)U_2-G_4U_3=0$

③结点：$-G_sU_1-G_4U_2+(G_4+G_5+G_s)U_3=-U_sG_s$

2.11.3　方程列写 （含无伴电压源）

【例 2-27】 电路如图 2-42 和图 2-43 所示，试列写电路的结点电压方程。

解：①结点：$(G_1+G_2)U_1-G_1U_2=I$

②结点：$-G_1U_1+(G_1+G_3+G_4)U_2-G_4U_3=0$（不变）

③结点：$-G_4U_2+(G_4+G_5)U_3=-I$

增补方程：$U_1-U_3=U_s$

取无伴电压源任意一端做参考点，则另一端电压已知。

①结点：$U_1=U_s$

②结点：$-G_1U_1+(G_1+G_3+G_4)U_2-G_3U_3=0$

③结点：$-G_2U_1 - G_3U_2 + (G_2+G_3+G_5)U_3 = 0$

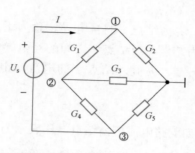 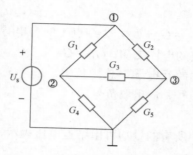

图 2-42　[例 2-27]图（1）　　　图 2-43　[例 2-27]图（2）

2.11.4　电路中含有受控源

电路含受控源时：

（1）先把受控源当作独立源列方程。

（2）用结点电压表示控制量。

【例 2-28】 电路如图 2-44 所示，试列写电路的结点电压方程。

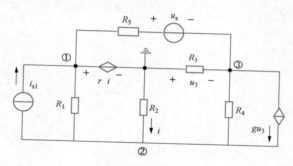

图 2-44　[例 2-28]图

解：①结点：$U_{n1} = ri$

②结点：$-\dfrac{1}{R_1}U_{n1} + \left(\dfrac{1}{R_1}+\dfrac{1}{R_2}+\dfrac{1}{R_4}\right)U_{n2} - \dfrac{1}{R_4}U_{n3} = -i_{S1} + gu_3$

③结点：$-\dfrac{1}{R_5}U_{n1} - \dfrac{1}{R_4}U_{n2} + \left(\dfrac{1}{R_3}+\dfrac{1}{R_4}+\dfrac{1}{R_5}\right)U_{n3} = -\dfrac{u_s}{R_5} - gu_3$

辅助方程：$i = -\dfrac{U_{n2}}{R_2}$，$u_3 = -U_{n3}$

【例 2-29】 电路如图 2-45 所示，试列写电路的结点电压方程。

解：①结点：$U_{n1} = 4$

②结点：$-U_{n1} + (1+0.5+0.2)U_{n2} - 0.5U_{n3} = -1 + 0.8U$

③结点：$-0.5U_{n2} + (0.5+0.2)U_{n3} = 3$

辅助方程：$U = U_{n3}$

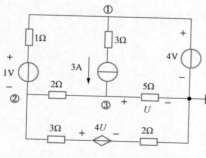

图 2-45　[例 2-29]图

注意：与电流源串接的电阻不参与列方程。

下面对支路法、回路法和结点法进行比较。

（1）表 2-1 所示为各方法方程的比较。

表 2-1 支路法、回路法和结点法的比较

电路分析	KCL 方程	KVL 方程	方程总数
支路法	$n-1$	$b-n+1$	b
回路法	0	$b-n+1$	$b-n+1$
结点法	$n-1$	0	$n-1$

（2）对于非平面电路而言，不容易选择独立回路，但选择独立结点较容易。

（3）回路法、结点法易于编程，目前用计算机分析网络（电网、集成电路设计等）采用结点法较多。

【例 2-30】电路如图 2-46（a）所示，求 U 和 I。

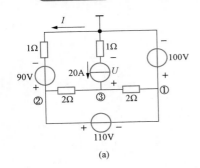 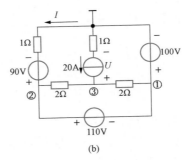 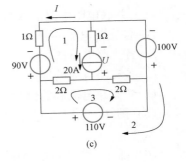

图 2-46　[例 2-30] 图

解：方法一：应用结点法 [见图 2-46（b）]。

①结点：$U_{n1}=100$

②结点：$U_{n2}=U_{n1}+110=210$

③结点：$-0.5U_{n1}-0.5U_{n2}+（0.5+0.5）U_{n3}=20$

解得：$U_{n3}=175\text{V}$

所以：$U=U_{n3}+1\times20=195$（V）

$I=-（U_{n2}-90）/1=-120\text{A}$

方法二：应用回路法 [见图 2-46（c）]。

1 回路：$i_1=20\text{A}$

2 回路：$1\times i_1+1\times i_2=-90+100+110$

3 回路：$-2\times i_1+（2+2）\times i_3=110$

解得：$i_2=100$，$i_3=37.5$

所以：$I=-（i_1+i_2）=-120$（A）

$U=2i_3+100+1\times20=195$（V）

平面电路是指可以画在平面上，不出现支路交叉的电路。而非平面电路是指无论在平面上怎样画，总会有支路交叉的电路。

习题

(1) 关于等效变换说法正确的是（　　）。

A. 等效变换只保证变换的外电路的各电压、电流不变

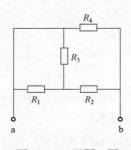

图 2-47　习题 2 图

B. 等效变换是说互换的电路部分一样

C. 等效变换对变换电路内部等效

D. 等效变换只对直流电路成立

(2) 图 2-47 所示电路的电阻 $R_{ab}=$（　　）。

A. $R_1//R_3+R_2//R_4$

B. $R_1//(R_3+R_2//R_4)$

C. $R_1//R_3+R_2$

D. $(R_1//R_3+R_2)//R_4$

(3) 判断：串联电路中，总电阻等于各电阻的倒数之和。（　　）

A. 正确 　　　　　B. 错误

(4) 并联电阻电路的总电流等于（　　）。

A. 各支路电流的和

B. 各支路电流的积

C. 各支路电流的倒数和

D. 各支路电流和的倒数

(5) 图 2-48 所示电路中，I_x 为（　　）。

A. 2A 　　　　B. 5A 　　　　C. 35/8A 　　　　D. 21/8A

(6) 图 2-49 所示电路中，$R_{ab}=$（　　）。

A. R 　　　　B. $2R$ 　　　　C. $4/3R$ 　　　　D. $R/2$

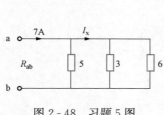

图 2-48　习题 5 图

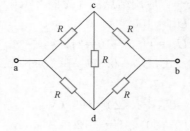

图 2-49　习题 6 图

(7) 判断：如图 2-50 所示，若 $R_1R_4=R_2R_3$，则 R_5 可以断开，可以短路，可以用任意支路替代。（　　）

A. 正确 　　　　　B. 错误

(8) 电路如图 2-51 所示，各电阻的阻值均为 1Ω，则 a、b 端的等效电阻为（　　）。

A. 1Ω 　　　　B. $2/3\Omega$ 　　　　C. $1/3\Omega$ 　　　　D. $4/3\Omega$

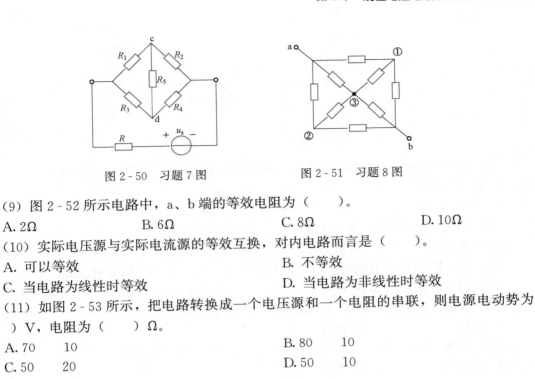

图 2-50 习题 7 图   图 2-51 习题 8 图

(9) 图 2-52 所示电路中，a、b 端的等效电阻为（   ）。

A. 2Ω   B. 6Ω   C. 8Ω   D. 10Ω

(10) 实际电压源与实际电流源的等效互换，对内电路而言是（   ）。

A. 可以等效   B. 不等效

C. 当电路为线性时等效   D. 当电路为非线性时等效

(11) 如图 2-53 所示，把电路转换成一个电压源和一个电阻的串联，则电源电动势为
（   ）V，电阻为（   ）Ω。

A. 70   10   B. 80   10

C. 50   20   D. 50   10

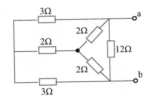

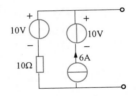

图 2-52 习题 9 图   图 2-53 习题 11 图

(12) 如图 2-54 所示，把电路转换成一个电压源和一个电阻的
串联，则电源电动势为（   ）V，电阻为（   ）Ω。

A. 70   10   B. 60   10

C. 50   20   D. 66   10

(13) 判断：回路法列方程互阻一定相等。（   ）

A. 正确   B. 错误

图 2-54 习题 12 图

(14) 电路如图 2-55 所示，电流 I 为（   ）A。

A. 1   B. 5   C. 1.7   D. 3.4

(15) 判断：理想电压源与理想电流源没有等效变换关系。（   ）

A. 正确   B. 错误

(16) 电路如图 2-56 所示，则电流 I 为（   ）A。

A. 1   B. 2   C. -1.5   D. 1.5

(17) 判断：网孔法就是回路法的特例，回路法不一定是网孔法。（   ）

A. 正确   B. 错误

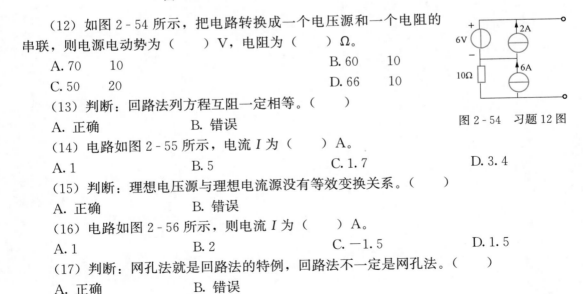

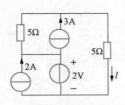
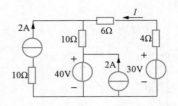

图 2-55　习题 14 图　　　　　　图 2-56　习题 16 图

（18）对于 n 结点、b 支路的电路用回路法需要列写（　　　）个（　　　）方程。

A. $n-1$　KCL　　　　　　　　　　　　B. $b-(n-1)$　KVL

C. $n-1$　KVL　　　　　　　　　　　　D. $b-(n-1)$　KCL

（19）结点数比较少时，为了减少列写方程的数量应选用（　　　）。

A. 支路电流法　　　B. 网孔法　　　　　C. 回路法　　　　　　D. 结点电压法

（20）网孔数比较少，且电路中含有无伴电流源时，为了减少列写方程的数量应选用（　　　）。

A. 支路电流法　　　B. 网孔法　　　　　C. 回路法　　　　　　D. 结点电压法

（21）判断：回路法中自阻一定是正值，互阻一定是负值。（　　　）

A. 正确　　　　　　B. 错误

（22）判断：结点电压法中自导一定是正值，互导一定是负值。（　　　）

A. 正确　　　　　　B. 错误

第3章

叠加定理、 戴维南定理和诺顿定理

本章内容相对于前两章难度增大，需要读者对电路定理有较为深入的理解。叠加定理的学习中要注意叠加定理的适用范围、应用特点等知识，更要理解电路中多电源作用时，某一响应和各个分电源作用分量的关系。戴维南定理和诺顿定理将含源一端口网络等效为简单的实际电源模型，这对复杂电路或含源网络的求解提供了一种方法。

3.1　叠加定理　A 类考点

1. 定义

线性电路中，任一支路及元件的电压或电流都是电路中各个独立电源单独作用时，在该处产生的电压或电流的叠加。

2. 注意事项

（1）适用于线性电路，不适用于非线性电路。

（2）独立电源单独作用的含义：将其余独立电源置零（除源），即令电压源处短路，电流源处开路。

（3）叠加时应取代数和（注意各分量的前的"＋""－"号）。

（4）求功率不能直接用叠加定理。

（5）受控源保留在各分电路中（即受控源不能除去）。

（6）可将电源分组，按组计算后再叠加。

【例 3-1】　电路如图 3-1（a）所示，求 I_1、I_2。

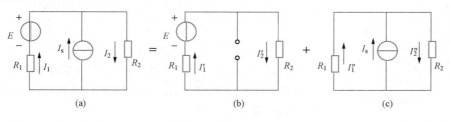

图 3-1　[例 3-1] 图

解：当 E 单独作用时如图 3-1（b）所示，则有

$$I'_1 = I'_2 = \frac{E}{R_1 + R_2}$$

当 I_s 单独作用时如图 3-1（c）所示，则有

$$I''_1 = -\frac{R_2}{R_1 + R_2} I_s \quad I''_2 = \frac{R_1}{R_1 + R_2} I_s$$

所以：

电路原理

$$I_1 = I_1' + I_1'' = \frac{E}{R_1+R_2} - \frac{R_2}{R_1+R_2}I_s$$

同理：

$$I_2 = I_2' + I_2'' = \frac{E}{R_1+R_2} + \frac{R_1}{R_1+R_2}I_s$$

【例 3-2】 电路如图 3-2（a）所示，已知 $E=10V$、$I_s=1A$，$R_1=10\Omega$，$R_2=R_3=5\Omega$。试用叠加定理求流过 R_2 的电流 I_2 和理想电流源 I_s 两端的电压 U_s。

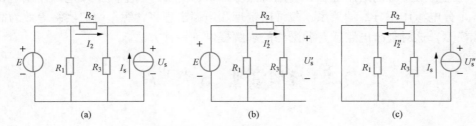

图 3-2　［例 3-2］图

解：E 单独作用时如图 3-2（b）所示：

$$I_2' = \frac{E}{R_2+R_3} = \frac{10}{5+5} = 1(A)$$
$$U_s' = I_2'R_3 = 5(V)$$

I_s 单独作用时如图 3-2（c）所示：

$$I_2'' = \frac{R_3}{R_2+R_3}I_s = \frac{5}{5+5}\times1 = 0.5(A)$$
$$U_s'' = I_2''R_2 = 0.5\times5 = 2.5(V)$$

所以

$$I_2 = I_2' - I_2'' = 1 - 0.5 = 0.5(A)$$
$$U_s = U_s' + U_s'' = 5 + 2.5 = 7.5(V)$$

注意：

$$I_2 \neq I_2' + I_2''$$

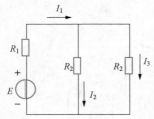

图 3-3　齐性定理电路

齐性定理：（1）只有一个电源作用的线性电路中，各支路的电压或电流和电源成正比，如图 3-3 所示。若 E 增加 n 倍，则各电流也会增加 n 倍。

（2）有多个电源作用的线性电路中，各支路的电压或电流和各电源成线性组合关系。

【例 3-3】 电路如图 3-4 所示，已知：$U_s=1V$

$I_s=1A$ 时，$U_o=0V$，$U_s=10V$，$I_s=0A$ 时，$U_o=1V$。

求：$U_s=0V$、$I_s=10A$ 时，$U_o=?$

解：电路中有两个电源作用，根据叠加定理可设：

$$U_o = K_1U_s + K_2I_s$$

所以

$$0 = K_1\times1 + K_2\times1; \quad 1 = K_1\times10 + K_2\times0$$

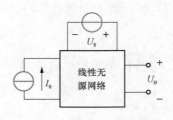

图 3-4　［例 3-3］图

40

解得
$$K_1 = 0.1,\ K_2 = -0.1$$

代入得
$$U_o = 0.1 \times 0 + (-0.1) \times 10 = -1(\text{V})$$

【例 3 - 4】　在图 3 - 5（a）所示电路中，所有电阻相等，当 $U_s = 16\text{V}$ 时，$U_{ab} = 8\text{V}$，试用叠加定理求 $U_s = 0$ 时的 U_{ab}。

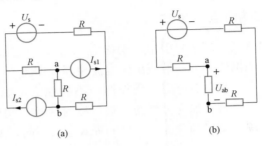

图 3 - 5　［例 3 - 4］图

解：恒压源 $U_s = 16\text{V}$ 单独作用时，如图 3 - 5（b）所示，有
$$U'_{ab} = 16/4 = 4(\text{V})$$

两电流源共同作用时，
$$U''_{ab} = U_{ab} - U'_{ab} = 8 - 4 = 4(\text{V})$$

【例 3 - 5】　电路如图 3 - 6（a）所示，求电压 u_3。

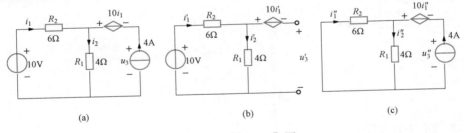

图 3 - 6　［例 3 - 5］图

解：电源单独作用时的分电路图如图 3 - 6（b）、（c）所示。受控源保留在分电路中。

对图 3 - 6（b）有
$$u'_3 = -10i'_1 + 4i'_2 = -10 + 4 = -6(\text{V})$$
$$i'_1 = i'_2 = \frac{10}{6+4} = 1(\text{A})$$

对图 3 - 6（c）有
$$i''_1 = -\frac{4}{4+6} \times 4 = -1.6(\text{A})$$
$$u''_3 = -10i''_1 - 6i''_1 = 25.6(\text{V})$$

所以
$$u_3 = u'_3 + u''_3 = 19.6(\text{V})$$

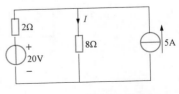

图 3 - 7　［例 3 - 6］图

【例3-6】 电路如图3-7所示，8Ω电阻的功率为（ ）W。

A. 36   B. 108

C. 72   D. 48

3.2 戴维南定理和诺顿定理 A类考点

3.2.1 一端口（二端网络）概念

若一个电路有一端口（或二端子）引出，则称为一端口（或二端网络），其中一端流入的电流和另一端流出的电流相等，如图3-8所示。

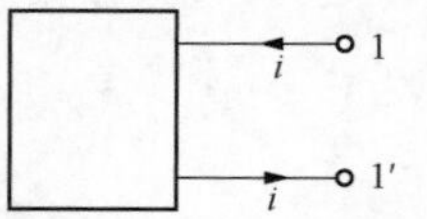

图3-8 一端口模型

只含有电阻、受控源而不含独立电源的一端口称为无源一端口。含有独立电源的一端口称为含源一端口（或有源一端口）。无源一端口和含源一端口的等效形式不同，如图3-9所示。

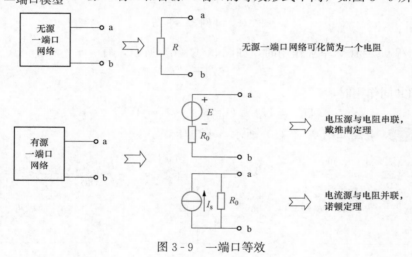

图3-9 一端口等效

3.2.2 戴维南定理

1. 定理

一个有源一端口网络，对外电路来说，可以用一个电压源和电阻的串联组合来替代，如图3-10所示。

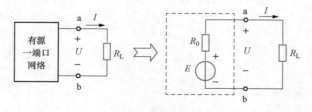

图3-10 戴维南定理替代模型

2. 适用范围

线性有源一端口网络（外电路不要求线性）。

3. 等效电源的电动势 E

就是有源一端口网络的开路电压 U_{oc}，即将负载断开后 a、b 两端之间的电压。

4. 等效电源的内阻 R_0

等于有源一端口网络中所有电源均除去（理想电压源短路、理想电流源开路）后所得到的无源一端口网络 a、b 两端之间的输入电阻。

【例 3 - 7】 试求图 3 - 11（a）所示线性含源一端口网络的戴维南等效电路。

解：第一步：求开路电压（采用叠加定理）。

如图 3 - 11（b）所示：

$$U'_{oc} = \frac{1}{1+2} \times 2 - \frac{1}{1+1} \times 1 = \frac{1}{6} \text{V}$$

如图 3 - 11（c）所示：

$$U''_{oc} = 1 \times (1 \,/\!/\, 2 + 1 \,/\!/\, 1) = 7/6 \text{V}$$
$$U_{oc} = U'_{oc} + U''_{oc} = 1/6 + 7/6 = 4/3 \text{V}$$

第二步：求等效电阻，如图 3 - 11（d）所示。

$$R_{eq} = 1/\!/2 + 1/\!/1 = 7/6 \Omega$$

第三步：画出等效电路，如图 3 - 11（e）所示。

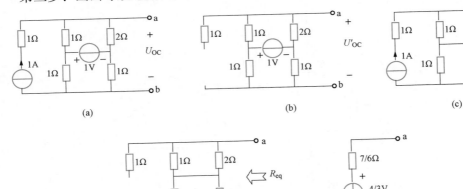

图 3 - 11 ［例 3 - 7］图

【例 3 - 8】 电路如图 3 - 12（a）所示，已知 $E_1 = 40\text{V}$，$E_2 = 20\text{V}$，$R_1 = R_2 = 4\Omega$，$R_3 = 13\Omega$，试用戴维南定理求电流 I_3。

解：（1）断开待求支路求等效电源的电动势 E，如图 3 - 12（b）所示：

$$I = \frac{E_1 - E_2}{R_1 + R_2} = \frac{40 - 20}{4 + 4} = 2.5 \text{(A)}$$
$$E = U_0 = E_2 + IR_2 = 20 + 2.5 \times 4 = 30 \text{(V)}$$

（2）求等效电源的内阻 R_0，除去所有电源（理想电压源短路、理想电流源开路），如图 3 - 12（c）所示。

$$R_0 = R_1 \parallel R_2 = 2(\Omega)$$

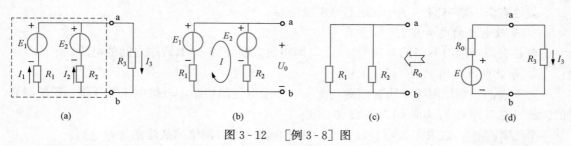

图 3 - 12　［例 3 - 8］图

（3）画出如图 3 - 12（d）所示的等效电路求电流 I_3。

$$I_3 = \frac{E}{R_0 + R_3} = \frac{30}{2 + 13} = 2(A)$$

【例 3 - 9】　电路如图 3 - 13（a）所示，用戴维南定理求电压 U_O。

解：第一步：求开路电压 U_{OC}，如图 3 - 13（b）所示。

$$U_{OC} = 3I + 6I = 9(V)$$

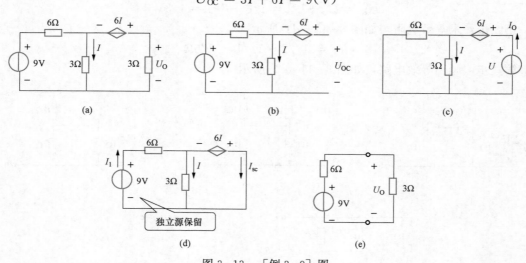

图 3 - 13　［例 3 - 9］图

第二步：求等效电阻 R_{eq}。

方法 1：加压求流，如图 3 - 13（c）所示

$$U = 3I + 6I = 9I$$

$$I = I_O \frac{6}{6 + 3}$$

$$R_{eq} = U/I_O = 6(\Omega)$$

方法 2：开路电压/短路电流，如图 3 - 13（d）所示求短路电流。

$$6I_1 + 3I = 9(V)$$

$$6I + 3I = 0 \rightarrow I = 0(A)$$

$$I_{sc} = I_1 = 9/6 = 1.5(A)$$

$$R_{eq} = U_{OC}/I_{sc} = 9/1.5 = 6(\Omega)$$

第三步：画出等效电路，如图 3-13（e）所示。

$$U_O = \frac{9}{3+6} \times 3 = 3(\text{V})$$

3.2.3　诺顿定理

1. 定理

一个含源的一端口，对外电路来说，可以用一个电流源和电导的并联组合来替换，如图 3-14 所示。

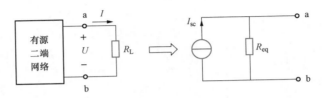

图 3-14　诺顿定理的替代模型

2. 适应范围

线性有源二端网络。

3. 等效电流源的电流

就是有源二端网络的短路电流 i_{sc}，即将端口短路后流过的电流。

4. 等效电源的内阻

R_0 等于有源二端网络中所有电源均除去（理想电压源短路、理想电流源开路）后所得到的无源二端网络 a、b 两端之间的输入电阻。

【例 3-10】　求图 3-15（a）所示电路的戴维南和诺顿等效电路。

解：（1）设开路电压参考方向如图 3-15（b）所示。

（2）先求开路电压 u_{oc}：

$$u_{oc} = 4i_1 - 2i_1 = 2i_1$$

KVL：

$$(2+4)i_1 = 2i_1 + 4$$

得到：

$$i_1 = 1\text{A}$$

所以：

$$u_{oc} = 2\text{V}$$

（3）求等效电阻（开路电压/短路电流），如图 3-15（c）所示。

$$\begin{cases} (2+4)i_1 - 4i_{sc} = 2i_1 + 4 \\ -4i_1 + (6+4)i_{sc} = -2i_1 \end{cases}$$

得到：

$$i_{sc} = 0.25\text{A}$$

所以等效电阻为

$$R_{eq} = \frac{u_{oc}}{i_{sc}} = 8\Omega$$

因此，诺顿等效电路和戴维南等效电路分别如图 3 - 15（d）、图 3 - 15（e）所示。

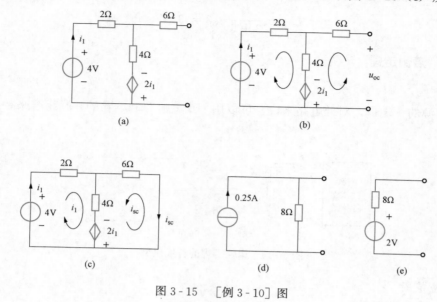

图 3 - 15　［例 3 - 10］图

3.3　最大功率传输定理　A 类考点

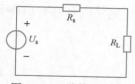

图 3 - 16　计算功率的
电路模型

1. 最大功率传输的条件

电路模型如图 3 - 16 所示，负载 R_L 获得最大功率的条件为：

$$R_L = R_s$$

负载 R_L 获得的最大功率为：

$$P_{Lmax} = \frac{U_s^2 \times R_s}{(2R_s)^2} = \frac{U_s^2}{4R_s}$$

2. 负载 R_L 与有源一端口网络的输入电阻匹配

先化简为等效电路模型，如图 3 - 17 所示。

负载 R_L 获得最大功率的条件为：

$$R_L = R_{eq} \qquad (3-1)$$

负载 R_L 获得最大功率为：

$$P_{Lmax} = \frac{U_{OC}^2}{4R_{eq}} \qquad (3-2)$$

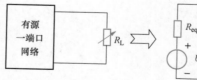
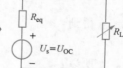

图 3 - 17　有源一端口网络的电路模型

【例 3 - 11】　如图 3 - 18（a）所示电路中 R_L 可变，则 R_L 获得最大功率条件为 $R_L = $（　　），此时 $P_{max} = $（　　）。

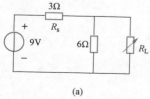
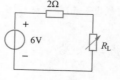

图 3 - 18　［例 3 - 11］图

解：经戴维南定理化简等效后的电路如图 3 - 18（b）所示，则 $R_L = 2\Omega$ 时获得最大功率，最大功率为：

$$P_{max} = \frac{6^2}{4 \times 2} = 4.5(W)$$

46

【例 3 - 12】　图 3 - 19 所示电路的负载电阻 R_L 可变，试问 R_L 等于何值时可吸收最大功率？并求此最大功率。

解：（1）去掉 R_L，剩余电路用戴维南电路替代。

（2）求开路电压

$$U_{OC} = \frac{12}{3+6} \times 3 - 2 = 2(V)$$

（3）求等效电阻：

$$R_{eq} = 3 // 6 + 8 = 10(\Omega)$$

（4）获得最大功率时：

$$R = R_{eq} = 10(\Omega)$$

（5）此时的最大功率为：

$$P_{max} = \frac{U_{OC}^2}{4R_{eq}} = \frac{2^2}{4 \times 10} = 0.1(W)$$

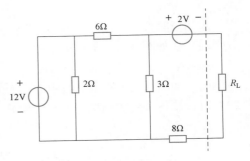

图 3 - 19　［例 3 - 12］图

【例 3 - 13】　电路如图 3 - 20（a）所示，求 R 为何值时可获得最大功率，并求 R 获得的最大功率 P_{max}。

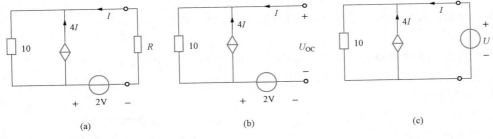

(a)　　　　　　(b)　　　　　　(c)

图 3 - 20　［例 3 - 13］图

解：（1）去掉电阻 R，剩余二端网络求开路电压 U_{OC}，如图 3 - 20（b）所示，此时 $I=0$，所以 $U_{OC}=2V$。

（2）求等效电阻 R_{eq}，利用外加电源法，如图 3 - 20（c）所示：

$$10(I+4I) = U$$

得到：

$$R_{eq} = \frac{U}{I} = 50\Omega$$

所以，当 $R=R_{eq}$ 时获得最大传输功率，此时的功率为：

$$P_{max} = \frac{U_{OC}^2}{4R_{eq}} = \frac{2^2}{4 \times 50} = 0.02(W)$$

习题

（1）叠加定理不适用于（　　）。

A. 含有电阻的电路　　　　　　　　　B. 含有空心电感的交流电路

C. 含有二极管的电路

（2）判断：叠加定理可以直接求功率。（　　）

A. 正确   B. 错误

（3）应用叠加定理时，理想电压源不作用时视为（   ），理想电流源不作用时视为
（   ）。

A. 开路   B. 短路

（4）在如图 3-21 所示电路中，已知 $U_s=32V$，则 I 为（   ）。

A. 5A   B. 4A   C. 3A   D. 2A

（5）如图 3-22 所示电路中 N 为线性含源网络，当 $U_s=10V$ 时，测得 $I=2A$；当 $U_s=20V$ 时，测得 $I=6A$；则当 $U_s=-20V$ 时，I 应为（   ）。

A. -6A   B. -10A   C. 8A   D. -8A

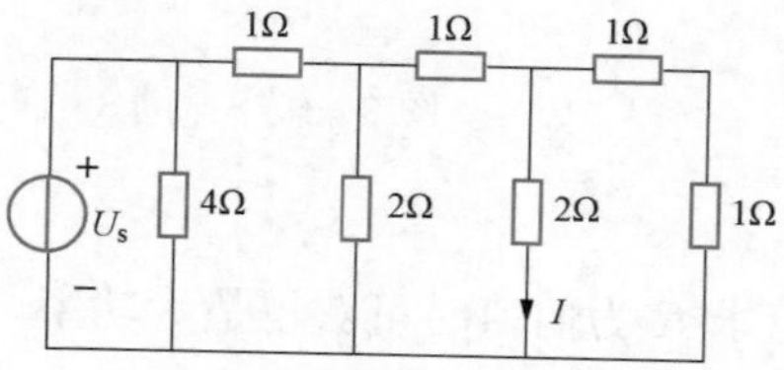

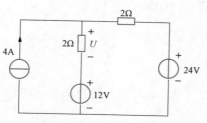

图 3-21 习题 4 图

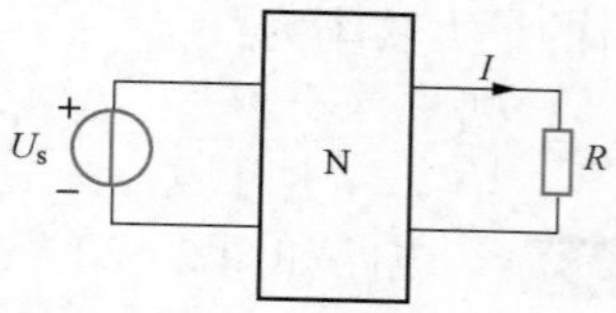

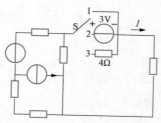

图 3-22 习题 5 图

（6）判断：叠加定理只适用于稳态电路，不适用于暂态电路。（   ）

A. 正确   B. 错误

（7）判断：叠加定理只适用于直流电路，不适用于交流电路。（   ）

A. 正确   B. 错误

（8）戴维南定理只适用于（   ）。

A. 外部电路为非线性电路   B. 外部电路为线性电路

C. 内部电路为线性含源电路   D. 内部电路为非线性含源电路

（9）某实际电源外接 18Ω 电阻时输出电流为 1A，外接 8Ω 电阻时输出电流为 2A，则该
电源开路时的电压为（   ）。

A. 30V   B. 20V   C. 0V   D. 5V

（10）试求解图 3-23 所示电路中电压 $U=$（   ）V 和 12V 电压源供出的功率 $P=$
（   ）W。

A. 6   36   B. 10   60   C. 10   -60   D. 6   -36

（11）电路如图 3-24 所示，当开关置于 1 时，电流 I 等于 10A；当开关置于 2 时，电流
I 等于 7A；则开关置于 3 时，电流 $I=$（   ）。

A. 4A   B. 3A   C. 2A   D. 1A

图 3-23 习题 10 图

图 3-24 习题 11 图

（12）判断：对同一个有源二端网络而言，戴维南等效电路与诺顿等效电路的等效电阻相同。（　　）

　　A. 正确　　　　　　　　B. 错误

（13）以下关于最大功率传输定理的叙述，不正确的是（　　　）。

A. 负载获得最大功率时，传输效率最大

B. 负载电阻 R_L 等于电源等效内阻时获得最大功率

C. 最大功率大小为 $P_{\max}=\dfrac{U_{OC}^2}{4R_{eq}}$

D. 负载电阻 R_L 等于 0 时，负载中电流最大，但负载功率等于 0

（14）如图 3 - 25 所示 N 为无源线性网络，若 $U_s=10V$、$R=0\Omega$，则 $I=2A$，若 $U_s=20V$，$R=\infty$，则 $U=10V$；当 $U_s=20V$，$R=2.5\Omega$ 时，U 的值为（　　　）。

　　A. 5V　　　　　　　B. 8V　　　　　　　C. 2V　　　　　　　D. 1V

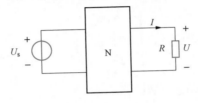

图 3 - 25　习题 14 图

第4章

一阶和二阶电路的时域分析

　　本章主要对一阶动态电路进行分析，使读者对电容、电感的充放电规律有更为深入的理解。读者在学习过程中要掌握动态电路的相关概念，例如换路定理、过渡过程、时间常数、稳态和暂态过程等，还要掌握电容和电感充放电时电压、电流的变化规律。本章的计算主要包括动态电路时间常数计算，电路初始值求解和利用三要素法求解换路后的电压、电流变化规律。最后本章对阶跃响应、冲激响应和二阶电路的零输入响应进行了简单介绍。

4.1　动态电路的方程及其初始条件

4.1.1　基本概念　B类考点

1. 动态元件（又称为储能元件）
电容元件和电感元件均为动态元件。

2. 动态电路
含有动态元件的电路称为动态电路。

3. 一阶动态电路
含一个储能元件，或者可以等效成一个储能元件，微分方程为一阶的电路为一阶动态电路，如 RC 电路、RL 电路。

4. 过渡过程
电路从一种工作状态变为另一种工作状态所经历的中间过程为过渡过程，动态电路及其过渡过程的电压、电流波形如图 4-1 所示。

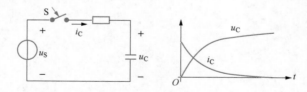

图 4-1　动态电路及其过渡过程的电压、电流波形

5. 换路
外部因素引起动态电路进入过渡过程，外部因素包括开关通断、电路结构变化或元件参数改变等。

6. 产生暂态过程的必要条件
（1）电路中含有储能元件（内因）
（2）电路发生换路（外因）
（3）储能元件中能量发生变化。
其中产生暂态过程的根本原因是储能发生了变化。

【例 4 - 1】　图 4 - 2 所示电路在已稳定状态下断开开关 S，则该电路（　　）。

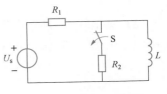

A. 因为有储能元件 L，所以会产生过渡过程

B. 因为电路有储能元件且发生了换路，所以会产生过渡
　过程

C. 因为换路时元件 L 的电流储能不发生变化，所以不产
　生过渡过程

图 4 - 2　［例 4 - 1］图

4.1.2　换路定理　A 类考点

1. 定理

换路前后瞬间电容电压、电感电流保持不变。

$$u_C(0_+) = u_C(0_-) \text{、} i_L(0_+) = i_L(0_-) \qquad (4 - 1)$$

2. 成立条件

电容电流和电感电压为有限值是换路定理成立的条件；或者在没有无穷大功率电源的情况下也成立。

3. 应用：求初始值的步骤

（1）由换路前电路（稳定状态）求 u_C（0_-）和 i_L（0_-）；

（2）由换路定理得 u_C（0_+）和 i_L（0_+）。

（3）画 0_+ 等效电路，其中电容用电压源替代，电感用电流源替代（取 0_+ 时刻值，方向与原假定的电容电压、电感电流方向相同）。

（4）由 0_+ 电路求所需各变量的 0_+ 值。

【例 4 - 2】　过渡过程满足换路定理为（　　）。（14 年考题，多选）

A. 换路前后电容电压不突变　　　　　　　B. 换路前后电阻电压不突变

C. 换路前后电感电流不突变　　　　　　　D. 换路前后电阻电流不突变

【例 4 - 3】　图 4 - 3 所示电路换路前已达到稳态，开关在 $t=0$ 时动作，试求电路在 $t=0_+$ 时刻电压 u_R，电流 i_C 的初始值。

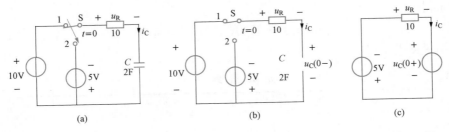

图 4 - 3　［例 4 - 3］图

解：（1）换路前电路已达稳态，故 C 开路，如图 4 - 3（b）所示求电容电压换路前的值：

$$u_C(0_-) = 10V$$

（2）换路后，S 在 2 处闭合，则由换路定理得：

$$u_C(0_+) = u_C(0_-) = 10\text{V}$$

（3）画出 0_+ 时刻等效电路图，如图 4 - 3（c）所示。

（4）由图 4 - 3（c）可得：

$$i_C(0_+) = \frac{-5-10}{10} = -1.5\text{A}$$

$$u_R(0_+) = 10 \times i_C(0_+) = -15\text{V}$$

【例 4 - 4】 图 4 - 4（a）所示电路换路前处于稳态，试求图示电路中各个电压和电流的初始值。

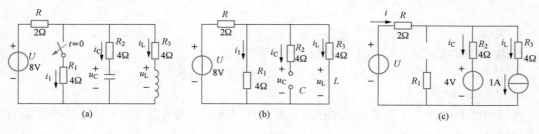

图 4 - 4 ［例 4 - 4］图

解：（1）由 $t=0_-$ 电路求 u_C（0_-）、i_L（0_-）。

换路前电路已处于稳态，所以电容元件视为开路，电感元件视为短路，如图 4 - 4（b）所示。

$$i_L(0_-) = \frac{R_1}{R_1+R_3} \times \frac{U}{R + \dfrac{R_1 R_3}{R_1+R_3}} = \frac{4}{4+4} \times \frac{U}{2 + \dfrac{4 \times 4}{4+4}} = 1\text{A}$$

$$u_C(0_-)R_3 i_L(0_-) = 4 \times 1 = 4\text{V}$$

由换路定理得：

$$i_L(0_+) = i_L(0_-) = 1\text{A}, u_C(0_+) = u_C(0_-) = 4\text{V}$$

（2）由 $t=0_+$ 电路求 u_L（0_+）、i_C（0_+），如图 4 - 4（c）所示。

$$i(0_+) = i_C(0_+) + i_L(0_+), U = Ri(0_+) + R_2 i_C(0_+) + u_C(0_+)$$

代数求得

$$i_C(0_+) = 1/3\text{A}, u_L(0_+) = 4/3\text{V}$$

计算结果见表 4 - 1。

表 4 - 1　　　　　　　　　　　　　计 算 结 果 统 计

电量	u_C/V	i_L/A	i_C/A	u_L/V
$t=0_-$	4	1	0	0
$t=0_+$	4	1	$\dfrac{1}{3}$	$1\dfrac{1}{3}$

换路瞬间，u_C、i_L 不能跃变，但 i_C、u_L 可以跃变。

综上所述，求初始值的步骤如下。

（1）根据换路前电路求 u_C、i_L。

（2）根据换路后电路求其他量。

【例 4 - 5】 电路如图 4 - 5（a）所示，求 $i_C(0_+)$。

（1）如图 4 - 5（b）所示由换路前的电路求 $u_C(0_-) = 10 \times \dfrac{40}{10+40} = 8$（V）。

（2）由换路定理得：$u_C(0_+) = u_C(0_-) = 8\text{V}$。

（3）如图 4 - 5（c）所示由 0_+ 等效电路求 $i_C(0_+) = \dfrac{10-8}{10 \times 10^3} = 0.2(\text{mA})$。注意这里 $i_C(0_+) \neq i_C(0_-)$。

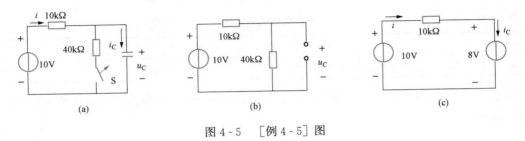

图 4 - 5　［例 4 - 5］图

4.2　一阶电路的零输入响应

（1）定义。

换路后电路无外加电源，由储能元件的初始值引起的响应为一阶电路的零输入响应。

（2）本质。

一阶电路的零输入响应的本质是放电响应。

4.2.1　一阶 RC 电路的零输入响应　B 类考点

1. 电压、电流变化规律

电路如图 4 - 6 所示，电容两端电压和电流按照指数规律下降，如图 4 - 7 所示。

$$u_C = U_0 \mathrm{e}^{-\frac{t}{RC}} \quad t \geqslant 0 \quad \tau = RC$$

$$i = -C\frac{\mathrm{d}u_C}{\mathrm{d}t} = \frac{U_0}{R}\mathrm{e}^{-\frac{t}{\tau}}, u_R = u_C = U_0 \mathrm{e}^{-\frac{t}{\tau}}$$

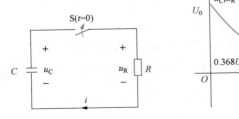

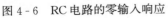

图 4 - 6　RC 电路的零输入响应

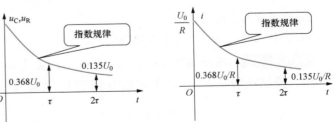

图 4 - 7　u_C、u_R、i 随时间变化的曲线

2. 时间常数 τ 的意义

τ 是表示过渡过程进行快慢的物理量，如图 4 - 8 所示。每经过时间 τ，u_C 变为原来

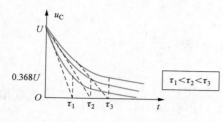

图 4 - 8   时间常数 τ 的物理意义

的 36.8%，

$$u_{\mathrm{C}} = U\mathrm{e}^{-\frac{t}{RC}} = U\mathrm{e}^{-t/\tau}$$

τ 越大，过渡过程进行得越慢；τ 越小，过渡过程进行得越快。

3. 过渡过程的结束时间

过渡过程的结束时间是指电容电压随时间变化的值，见表 4 - 2。

表 4 - 2   过渡过程的结束时间

t	0	τ	2τ	3τ	4τ	5τ	$\cdots$	∞
u_{C}	U_0	$0.368U_0$	$0.135U_0$	$0.05U_0$	$0.018U_0$	$0.0067U_0$	$\cdots$	0

从表 4 - 2 中可看出，理论上过渡过程的结束时间为 $t \to \infty$；工程上一般认为过渡过程的结束时间为 $t = （3 \sim 5）\tau$。

4.2.2　一阶 RL 电路的零输入响应　B 类考点

1. 电压电流变化规律

电路如图 4 - 9 所示，电感两端电压和电流按照指数规律下降，如图 4 - 10 所示。

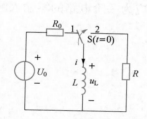

图 4 - 9　RL 电路的零输入响应

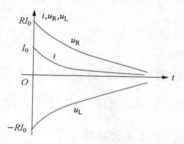

图 4 - 10　i、u_{L}、u_{R} 随时间的变化曲线

$$i_{\mathrm{L}}(t) = I_0\mathrm{e}^{-\frac{t}{L/R}} \quad t \geqslant 0 \quad \tau = L/R$$

$$u_{\mathrm{R}} = RI_0\mathrm{e}^{-\frac{t}{\tau}} \quad u_{\mathrm{L}} = L\frac{\mathrm{d}i}{\mathrm{d}t} = -RI_0\mathrm{e}^{-\frac{t}{\tau}}$$

2. 时间常数 τ 的意义

每经过时间 τ，u_{L}、u_{R} 变为原来的 36.8%。

【例 4 - 6】 电路如图 4 - 11（a）所示，$t = 0$ 时，开关 S 由 1→2，求电感电压。

解：换路前瞬间 $t = 0_-$，电感相当于短路，如图 4 - 11（b）所示，求电感电流初始值：

$$i_{\mathrm{L}}(0_+) = i_{\mathrm{L}}(0_-) = \frac{24}{4 + 2 + 3 /\!/ 6} \times \frac{6}{3 + 6} = 2\mathrm{A}$$

换路后电路如图 4 - 11（c）所示。

去掉电感以后的等效电阻为：

$$R = [(2 + 4) /\!/ 6] + 3 = 6\Omega$$

于是得到最简电路，如图 4 - 11（d）所示，据图 4 - 11（d）可得：

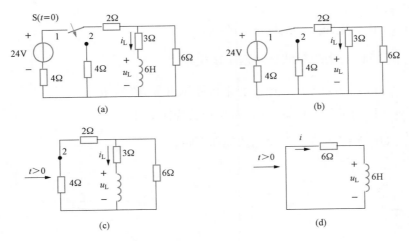

图 4-11　[例 4-6]图

$$\tau = \frac{L}{R} = \frac{6}{6} = 1s$$

可知:

$$i_L = 2e^{-t}A \quad u_L = L\frac{di}{dt} = -12e^{-t}V$$

4.3　一阶电路的零状态响应

(1) 定义。储能元件的初始值为零，换路后由外加电源引起的响应为一阶电路零状态响应。

(2) 本质。一阶电路零状态响应的本质是充电响应。

4.3.1　一阶 RC 电路的零状态响应　B 类考点

1. 电压、电流变化规律

电路如图 4-12 所示，电压、电流变化趋势如图 4-13 所示。

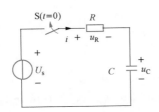

图 4-12　RC 电路的零状态响应

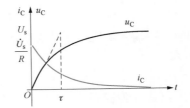

图 4-13　u_C、i_C 变化曲线

$$u_C = u_C(\infty)\left(1 - e^{-\frac{t}{RC}}\right)(t \geq 0) \quad \text{指数规律上升}$$

$$i_C = C\frac{du_C}{dt} = \frac{U_s}{R}e^{-\frac{t}{\tau}}(t \geq 0) \quad \text{指数规律下降}$$

2. 时间常数 τ 的意义

经过时间 τ，电容电压上升到稳态值的 63.2%。

4.3.2 一阶 RL 电路的零状态响应 B 类考点

电路如图 4-14 所示，电压、电流变化趋势如图 4-15 所示。

$i_L = i_L(\infty)(1 - e^{-\frac{R}{L}t})$ $(t \geqslant 0)$ 按照指数规律上升，

$u_L = L\dfrac{\mathrm{d}i}{\mathrm{d}t} = Ue^{-\frac{t}{\tau}} = Ue^{-\frac{R}{L}t}$ 按照指数规律下降。

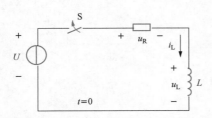

图 4-14 RL 电路的零状态响应

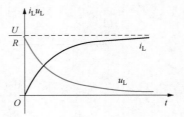

图 4-15 u_L、i_L 变化曲线

4.4 一阶电路的全响应 A 类考点

1. 定义

换路后由储能元件初始值和外加电源共同产生的响应为一阶电路的全响应，如图 4-16 所示。

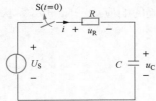

图 4-16 一阶电路的全响应

2. 本质

一阶电路的全响应的本质是由初始值到稳态值的过渡过程（充放电由初始值与稳态值的大小比较决定）。

3. 表达式

$$u_C = U_s + (U_0 - U_s)e^{-\frac{t}{\tau}}$$

全响应＝稳态分量＋瞬态分量

全响应＝强制分量＋自由分量

$$u_C = U_0 e^{-\frac{t}{\tau}} + U_s(1 - e^{-\frac{t}{\tau}})$$

全响应＝零输入响应＋零状态响应

4. 通式

$$f(t) = f(\infty) + [f(0_+) - f(\infty)]e^{-t/\tau} \qquad (4-2)$$

其中，$f(\infty)$ 为稳态解；$f(0_+)$ 为初值；τ 为时间常数，这三个是全响应的三要素，求全响应的关键是求这三要素。

【例 4-7】 电路如图 4-17（a）所示，开关在 0 时刻合上，求电流 I。

解：（1）初始值求法。换路前电路如图 4-17（b）所示，于是有：

$$u_C(0_+) = u_C(0_-) = 0\mathrm{V}$$

将电容电压代入换路后的电路，如图 4-17（c）所示，则其他量为：

$$I(0_+) = \frac{U}{R_1 + R_2 \mathbin{/\!/} R_3} \frac{R_3}{R_2 + R_3}$$

（2）稳态值求法。如图 4 - 17（d）所示，于是有：

$$I(\infty) = \frac{U}{R_1 + R_2}$$

（3）时间常数求法。如图 4 - 17（e）所示，去掉储能元件求等效电阻：

$$R_0 = (R_1 \mathbin{/\!/} R_2) + R_3$$

$$\tau = R_0 C$$

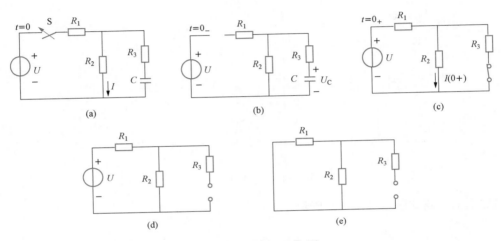

图 4 - 17　［例 4 - 7］图

说明：①对于复杂的 RC 电路：$\tau = R_{eq} C$

②对于复杂的 RL 电路：$\tau = \dfrac{L}{R_{eq}}$

（4）代入三要素方程即可得：

$$I = I(\infty) + [I(0_+) - I(\infty)]\mathrm{e}^{-\frac{t}{\tau}}$$

【例 4 - 8】　电路如图 4 - 18 所示，$U_s = 10\mathrm{V}$，$I_s = 2\mathrm{A}$，$R = 2\Omega$，$L = 4\mathrm{H}$。试求：S 闭合后电路的电流 i_L 和 i。

解：换路前：
$$i_L(0_-) = -2\mathrm{A}$$

i_L 的初始值为：
$$i_L(0_+) = i_L(0_-) = -2(\mathrm{A})$$

i_L 的稳态值为：
$$i_L(\infty) = \frac{U_s}{R} - I_s = 5 - 2 = 3(\mathrm{A})$$

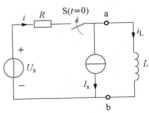

图 4 - 18　［例 4 - 8］图

电路的时间常数为：
$$R_{eq} = 2, \tau = L/R_{eq} = 4/2 = 2\mathrm{s}$$

故根据三要素公式得：
$$i_L = i_L(\infty) + [i_L(0_+) - i_L(\infty)]\mathrm{e}^{-\frac{t}{\tau}} = 3 - 5\mathrm{e}^{-0.5t}\mathrm{A}$$

$$i = i_s + i_L = 5 - 5e^{-0.5t}$$

【例 4 - 9】 电路如图 4 - 19（a）所示，当 $t = 0$ 时开关闭合，闭合前电路已处于稳态，试求 $t > 0$ 的 $i(t)$。

解：换路前电路如图 4 - 19（b）所示，于是有：

$$u_C(0_+) = u_C(0_-) = (6000 + 4000) \times \frac{36 - 12}{2000 + 6000 + 4000} + 12 = 32(V)$$

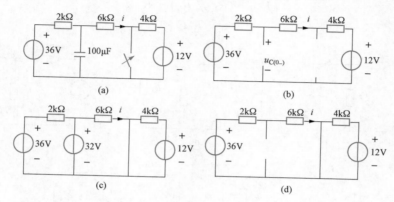

图 4 - 19 ［例 4 - 9］ 图

换路后的电路如图 4 - 19（c）所示，于是有：

$$i(0_+) = \frac{u_C(0_+)}{6000} = \frac{16}{3} mA$$

稳态时电容相当于开路，如图 4 - 19（d）所示，于是有：

$$i(\infty) = \frac{36}{2000 + 6000} = 4.5 mA$$

换路后的时间常数为：

$$R_{eq} = \frac{6000 \times 2000}{6000 + 2000} = 1500\Omega$$

$$\tau = R_{eq}C = 1500 \times 100 \times 10^{-6} = 0.15s$$

于是有：

$$\begin{aligned}
i(t) &= i(\infty) + [i(0_+) - i(\infty)]e^{-\frac{t}{\tau}} \\
&= 4.5 \times 10^{-3} + \left[\frac{16}{3} \times 10^{-3} - 4.5 \times 10^{-3}\right]e^{-\frac{t}{0.15}} \\
&= 4.5 \times 10^{-3} + 0.83 \times 10^{-3}e^{-\frac{t}{0.15}} A
\end{aligned}$$

4.5 阶跃响应与冲激响应

4.5.1 单位阶跃响应 B类考点

1. 定义

电路对于单位阶跃函数输入的零状态响应称为单位阶跃响应，如图 4 - 20 所示。

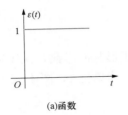 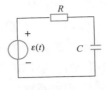 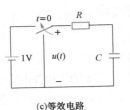

(a)函数　　　　　　　　　(b)组成电路　　　　　　　(c)等效电路

图 4 - 20 　单位阶跃响应

2. 单位阶跃函数

$$\varepsilon(t) = \begin{cases} 0, & t < 0 \\ 1, & t > 0 \end{cases}$$

单位阶跃函数又称开关函数。

3. 从 t_0 起始的单位阶跃函数

$$\varepsilon(t - t_0) = \begin{cases} 0, & t < t_0 \\ 1, & t > t_0 \end{cases}$$

其图形如图 4 - 21 所示。

4. 单位阶跃函数可用来起始任意一个函数 $f(t)$

$$f(t)\varepsilon(t - t_0) = \begin{cases} 0, & t < t_0 \\ f(t), & t > t_0 \end{cases}$$

其图形可用图 4 - 22 表示。

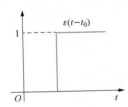

图 4 - 21 　从 t_0 起始的单位阶跃函数

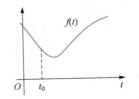 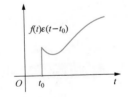

图 4 - 22 　从 t_0 起始任意函数

用阶跃函数表示矩形脉冲，如图 4 - 23 所示，其中图 4 - 23 （a）表示 $f(t) = \varepsilon(t) - \varepsilon(t - t_0)$，图 4 - 23 （b）表示 $f(t) = \varepsilon(t - \tau_1) - \varepsilon(t - \tau_2)$。

阶跃响应：类似电路中有开关的一阶电路。

4.5.2　单位冲激响应　C 类考点

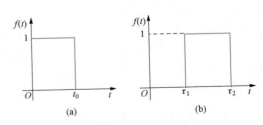

图 4 - 23 　用阶跃函数表示矩形脉冲

1. 定义

电路对于单位冲激函数输入的零状态响应称为单位冲激响应。

2. 单位冲激函数（又称为 δ 函数）

$$\begin{cases} \displaystyle\int_{-\infty}^{\infty} \delta(t)\,dt = 1 \\ \delta(t) = 0 \quad (t \neq 0) \end{cases}$$

单位冲激函数可视为单位脉冲函数的极限情况。

$$\lim_{\Delta \to 0} p_\Delta(t) = \delta(t)$$

图 4 - 24（a）表示冲激函数是作用时间非常短的一个矩形脉冲函数，在作用时间 t 趋于无穷小时，作用力和作用时间组成的矩形脉冲的面积不变，为单位 1，图 4 - 24（b）表示单位冲激函数，图 4 - 24（c）表示 K 倍单位冲激函数。

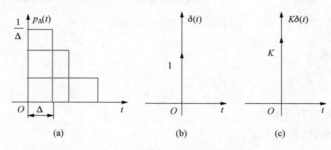

图 4 - 24　用函数表示矩形脉冲

3. 冲激函数的两个主要性质

（1）互逆性质。

$$\int_{-\infty}^{t} \delta(\xi)\,\mathrm{d}\xi = \varepsilon(t) \qquad \frac{\mathrm{d}\varepsilon(t)}{\mathrm{d}t} = \delta(t)$$

（2）筛分性质（或称取样性质）。

$$f(t)\delta(t) = f(0)\delta(t)$$

$$\int_{-\infty}^{\infty} f(t)\delta(t)\,\mathrm{d}t = f(0)\int_{-\infty}^{\infty} \delta(t)\,\mathrm{d}t = f(0)$$

$$\int_{-\infty}^{\infty} f(t)\delta(t - t_0)\,\mathrm{d}t = f(t_0)$$

4. 冲激响应

【例 4 - 10】　电路如图 4 - 25（a）所示，求冲激电流作用下的电容电压 u_C。

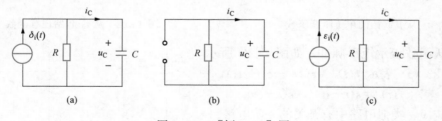

图 4 - 25　［例 4 - 10］图

解：方法一（先求初始值）。

根据 KCL 有：

$$C\frac{\mathrm{d}u_C}{\mathrm{d}t} + \frac{u_C}{R} = \delta_i(t) \quad [t \geqslant 0_-, u_C(0_-) = 0]$$

两边取在时间 $t = 0_- \to 0_+$ 内的积分有：

$$\int_{0_-}^{0_+} C\frac{\mathrm{d}u_C}{\mathrm{d}t}\mathrm{d}t + \int_{0_-}^{0_+} \frac{u_C}{R}\mathrm{d}t = \int_{0_-}^{0_+} \delta_i(t)\,\mathrm{d}t$$

所以：

$$C[u_C(0_+) - u_C(0_-)] = 1 \Rightarrow u_C(0_+) = \frac{1}{C}$$

$t \geqslant 0_+$ 时冲激电流源相当于开路，如图 4 - 30（b）所示，于是有：

$$u_C = u_C(0_+)\mathrm{e}^{-\frac{t}{\tau}} = \frac{1}{C}\mathrm{e}^{-\frac{t}{\tau}} \quad (\tau = RC)$$

方法二（利用互逆性质）。

将冲激输入改为阶跃输入，如图 4 - 30（c）所示，则可求出阶跃响应为：

$$u'_C(0_+) = u'_C(0_-) = 0 \quad u'_C(\infty) = 1 \times R = R \quad u'_C(t) = u'_C(\infty)(1 - \mathrm{e}^{-\frac{t}{\tau}}) = R(1 - \mathrm{e}^{-\frac{t}{\tau}})$$

根据互逆性质，将阶跃响应求导即可获得冲激响应：

$$u_C(t) = \frac{\mathrm{d}[u'_C(t)]}{\mathrm{d}t} = \frac{1}{C}\mathrm{e}^{-\frac{t}{\tau}}$$

【例 4 - 11】 电路如图 4 - 26（a）所示，求冲激电压作用下的电感电流 i_L。

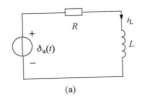 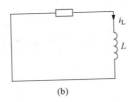 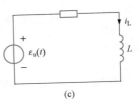

图 4 - 26　［例 4 - 11］图

解：方法一（先求初始值）。

根据 KVL 有：

$$L\frac{\mathrm{d}i_L}{\mathrm{d}t} + Ri_L = \delta_\mathrm{u}(t) \qquad [t \geqslant 0_-, i_L(0_-) = 0]$$

两边取在时间 $t = 0_- \rightarrow 0_+$ 内的积分有：

$$\int_{0_-}^{0_+} L\frac{\mathrm{d}i_L}{\mathrm{d}t}\mathrm{d}t + \int_{0_-}^{0_+} Ri_L\mathrm{d}t = \int_{0_-}^{0_+} \delta_u(t)\mathrm{d}t$$

所以：

$$L[i_L(0_+) - i_L(0_-)] = 1 \Rightarrow i_L(0_+) = \frac{1}{L}$$

$t \geqslant 0_+$ 时冲激电压源相当于短路，如图 4 - 26（b）所示，于是有：

$$i_L(t) = i_L(0_+)\mathrm{e}^{-\frac{t}{\tau}} = \frac{1}{L}\mathrm{e}^{-\frac{t}{\tau}} \quad (\tau = L/R)$$

方法二（利用互逆性质）。

将冲激输入改为阶跃输入，如图 4 - 26（c）所示，则可求出阶跃响应为：

$$i'_L(0_+) = i'_L(0_-) = 0 \quad i'_L(\infty) = 1/R \quad i'_L(t) = i'_L(\infty)(1 - \mathrm{e}^{-\frac{t}{\tau}}) = (1 - \mathrm{e}^{-\frac{t}{\tau}})/R$$

根据互逆性质，将阶跃响应求导即可获得冲激响应：

$$i_L(t) = \frac{\mathrm{d}[i'_L(t)]}{\mathrm{d}t} = \frac{1}{L}\mathrm{e}^{-\frac{t}{\tau}}$$

由以上结论可见：电容电压、电感电流在有无穷大功率电源时可能突变。

4.6 二阶电路的零输入响应

4.6.1 基本概念 B类考点

1. 二阶电路

含两个无法合并的动态元件的电路为二阶电路，其数学描述为二阶微分方程。

2. 二阶电路的零输入响应

时间 $t \geqslant 0$ 时无外加电源，由初始值引起的响应为二阶电路的零输入响应。其初始条件有两个，分别为电容电压和电感电流。

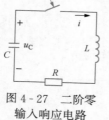

图 4-27 二阶零输入响应电路

3. 典型电路

二阶零输入响应电路如图 4-27 所示。

4. 微分方程

电压方程为：

$$LC\frac{\mathrm{d}^2 u_{\mathrm{C}}}{\mathrm{d}t^2} + RC\frac{\mathrm{d}u_{\mathrm{C}}}{\mathrm{d}t} + u_{\mathrm{C}} = 0$$

4.6.2 零输入响应的几种情况 A类考点

二阶电路的零输入响应的规律总结如表 4-3 所示。

表 4-3 二阶电路的零输入响应的规律总结

电路参数	根情况	阻尼状态	放电形式	解的形式
$R > 2\sqrt{L/C}$	两个不等负实根	过阻尼	非振荡放电	$u_{\mathrm{C}} = A_1 \mathrm{e}^{p_1 t} + A_1 \mathrm{e}^{p_2 t}$
$R = 2\sqrt{L/C}$	两个相等负实根	临界阻尼	非振荡放电	$u_{\mathrm{C}} = A_1 \mathrm{e}^{-\alpha} + A_2 t \mathrm{e}^{\alpha}$
$R < 2\sqrt{L/C}$	两个共轭复根	欠阻尼	振荡放电	$u_{\mathrm{C}} = A \mathrm{e}^{\delta t} \sin(\omega t + \beta)$
$R = 0$	两个共轭虚根	零阻尼（无阻尼）	等幅振荡	$u_{\mathrm{C}} = A \sin(\omega t + \beta)$

习题

（1）在换路瞬间，下列说法正确的是（　　）。

A. 电感电流不能跃变

B. 电感电压必然跃变

C. 电容电流必然跃变

（2）在换路瞬间，下列说法正确的是（　　）。

A. 电阻电流必定跃变

B. 电容电压不能跃变

C. 电容电流不能跃变

（3）判断：换路瞬间，若电感电流不跃变，则电感电压将为零。（　　）

A. 正确　　　　　　　　B. 错误

（4）一阶电路的零输入响应由（　　）和（　　）确定。

A. 初始值　　　时间常数

B. 初始值　　　稳态值

C. 稳态值　　　时间常数

（5）电路如图 4 - 28 所示，在 $t=0$ 时开关由 1 合向 2，该电路的时间常数 τ 为（　　）。

A. 0.25s　　　　　　　　B. 2s

C. 4s　　　　　　　　　　D. 6s

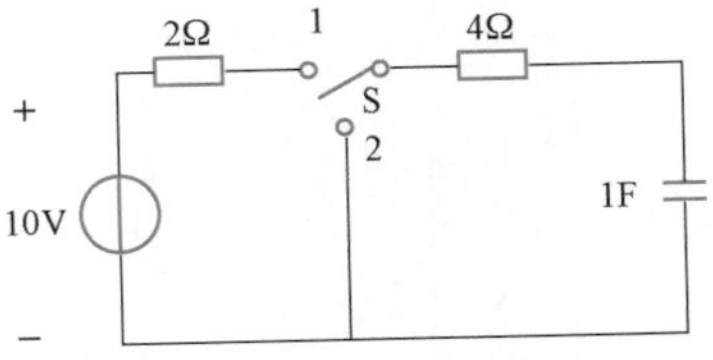

图 4 - 28　习题 5 图

（6）工程上认为电阻为 2Ω，电容为 $50\mu F$ 的一阶 RC 电路过渡过程结束的时间为（　　）。

A. 0.2ms　　　　　　B. 0.3～0.5ms　　　　　　C. 0.5～1ms　　　　　　D. 3～5ms

（7）一阶电路的零状态响应由（　　）和（　　）确定。

A. 初始值　　　时间常数

B. 初始值　　　稳态值

C. 稳态值　　　时间常数

（8）图 4 - 29 所示电路的时间常数为（　　）。

A. 0.5s　　　　　　B. 1s　　　　　　　　C. 1.5s　　　　　　　D. 4/3s

（9）电路如图 4 - 30 所示，$t=0$ 时，开关 S 闭合，已知 $u_C(0-)=0$，求 $u_C=80V$ 时的充电时间 $t=$（　　）ms。

A. 2　　　　　　　　B. 4　　　　　　　　C. 6　　　　　　　　D. 8

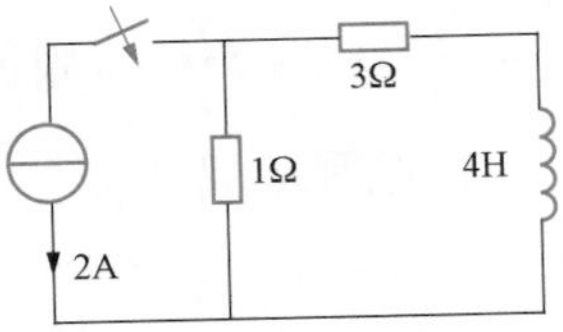

图 4 - 29　习题 8 图

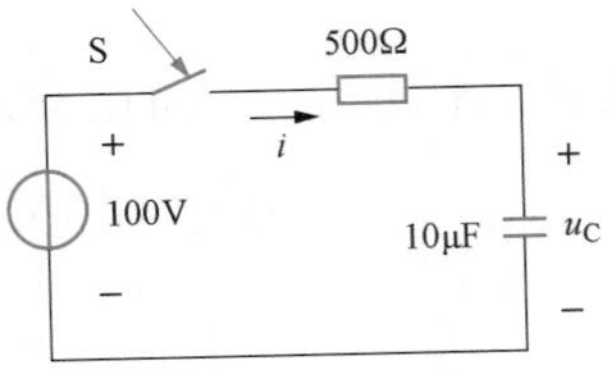

图 4 - 30　习题 9 图

（10）判断：一阶 RC 电路的零状态响应，u_C、i_C 按指数规律上升。（　　）

A. 正确　　　　　　　　B. 错误

（11）判断：一阶 RL 电路的零输入响应，i_L、u_L 按指数规律下降。（　　）

A. 正确　　　　　　　　B. 错误

（12）若一阶 RC 电路电容电压的完全响应为 $U_c(t)=8-3e^{-10t}$，则电路电容电压的零输入响应为（　　）。

A. $-3e^{-10t}$　　　　　　B. $8e^{-10t}$　　　　　　C. $5e^{-10t}$　　　　　　D. $11e^{-10t}$

（13）电路如图 4 - 31 所示，$t<0$ 时电路已处于稳定状态，$t=0$ 时开关闭合，该电路的时间常数 τ 为（　　）。

A. 0.2s　　　　　　B. 0.16s　　　　　　C. 0.3s　　　　　　D. 0.14s

（14）图 4-32 所示电路原处于稳态，$t=0$ 时开关闭合，求 $i_L(t) = $（　　）。

A. $10-2e^{-200t}$ A

B. $10-2e^{-160t}$ A

C. $10-2e^{-100t}$ A

D. $10+2e^{-200t}$ A

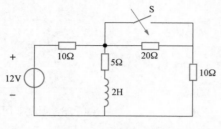

图 4-31　习题 13 图

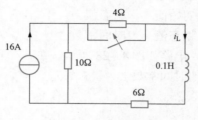

图 4-32　习题 14 图

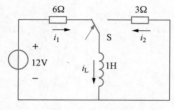

图 4-33　习题 15 图

（15）电路如图 4-33 所示，开关在左边为充电，在右边为放电，则（　　）。

A. 充电速度大于放电速度

B. 放电速度大于充电速度

C. 充、放电速度相等

D. 充、放电速度不确定

（16）$R=8\Omega$、$L=2$H、$C=2$F 的 RLC 串联电路零输入响应是（　　）情况。

A. 过阻尼

B. 欠阻尼

C. 临界阻尼

D. 无阻尼

（17）判断：二阶电路等幅振荡时，$R=0$。（　　）

A. 正确

B. 错误

（18）二阶电路电容电压的二阶微分方程为 $\dfrac{d^2 u_C}{dt^2}+4\dfrac{du_C}{dt}+10u_C=0$，则该电路为（　　）。

A. 过阻尼

B. 欠阻尼

C. 临界阻尼

D. 无阻尼

第5章

正弦稳态电路的分析

本章主要对正弦稳态电路进行分析和计算。正弦电路相对直流电路更为复杂，主要是因为电压、电流表达形式不同，电压、电流存在初相位并且相互之间有相位差。为了更好地对交流电路进行分析和计算，本章引入了相量法，建立了 R、L、C 元件的相量模型，并结合相量形式的 KCL 和 KVL 定律对交流电路进行分析。基于相量法，本章利用阻抗和导纳来表示 R、L、C 在交流电路中的作用和性质，最后将直流电路的分析方法应用于交流电路分析。交流电路的功率也和直流不同，包括有功、无功和视在功率，还包括和功率相关的物理量——功率因数，需要读者掌握它们的特点、计算方法和在电路中的作用。本章最后对交流电路的串并联谐振和频率特性等相关知识进行了详细的讲解。

5.1 复　　数

5.1.1　复数的表示形式　B类考点

复数可表示为四种形式：代数式 $F=a+jb$、三角函数式 $F=|F|(\cos\theta+j\sin\theta)$、指数式 $F=|F|e^{j\theta}$、极坐标式 $F=|F|\angle\theta$，复数也可以画出向量图，如图 5-1 所示。

5.1.2　几种表示法的关系　A类考点

四种形式之间可以相互转化，主要关系有：

$$F=a+jb=|F|e^{j\theta}=|F|\angle\theta$$

$$\begin{cases}|F|=\sqrt{a^2+b^2}\\\theta=\arctan\dfrac{b}{a}\end{cases}\quad\begin{cases}a=|F|\cos\theta\\b=|F|\sin\theta\end{cases}$$

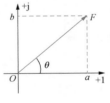

图 5-1　复数

5.1.3　复数运算　A类考点

1. 加减运算——采用代数式

若 $F_1=a_1+jb_1$，$F_2=a_2+jb_2$ 则 $F_1\pm F_2=(a_1\pm a_2)+j(b_1\pm b_2)$。

可以用平行四边形法则或多边形法则实现复数的加减运算，如图 5-2 及图 5-3 所示。

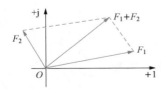

图 5-2　复数的加法运算

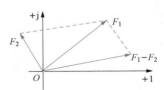

图 5-3　复数的减法运算

2. 乘除运算——采用极坐标式

若 $F_1 = |F_1| \angle \theta_1$，$F_2 = |F_2| \angle \theta_2$，则 $F_1 \cdot F_2 = |F_1| \cdot |F_2| \angle \theta_1 + \theta_2$，$\dfrac{F_1}{F_2} = \dfrac{|F_1|}{|F_2|} \angle \theta_1 - \theta_2$。

复数的乘除表示模的放大或缩小，辐角表示逆时针或顺时针旋转，如图 5-4 所示。

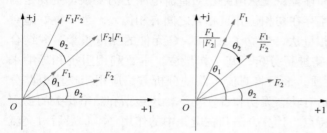

图 5-4　复数的乘法和除法运算

（1）共轭复数的概念。若 $F_1 = a + jb$，$F_2 = a - jb$，则称 F_1 和 F_2 互为共轭复数，记为 $F_2 = F_1^*$ 或 $F_1 = F_2^*$。

（2）旋转因子 $e^{j\theta}$。逆时针旋转 θ 角度。$e^{j\frac{\pi}{2}} = j$，$e^{-j\frac{\pi}{2}} = -j$，$e^{j\pi} = -1$ 为特殊旋转因子。

（3）相等条件。代数式：$a_1 = a_2$，$b_1 = b_2$；指数式：$r_1 = r_2$，$\varphi_1 = \varphi_2$。

【例 5-1】　设 $F_1 = 3 - j4$，$F_2 = 10 \angle 135°$。求 $F_1 + F_2$ 和 F_1/F_2。

解：求复数的代数和用代数式。

$$F_2 = 10 \angle 135° = 10(\cos 135° + j\sin 135°) = -7.07 + j7.07$$

$$F_1 + F_2 = (3 - j4) + (-7.07 + j7.07) = -4.07 + j3.07$$

转化为指数形式为：

$$\arg(F_1 + F_2) = \arctan \frac{3.07}{-4.07} = 143°$$

$$|F_1 + F_2| = \sqrt{4.07^2 + 3.07^2} = 5.1$$

即：

$$F_1 + F_2 = 5.1 \angle 143°$$

$$\frac{F_1}{F_2} = \frac{3 - j4}{-7.07 + j7.07} = \frac{5 \angle -53.1°}{10 \angle 135°} = 0.5 \angle 171.9°$$

【例 5-2】　任意一个相量乘以 j 相当于该相量（　　）。

A. 逆时针旋转 90°

B. 顺时针旋转 90°

C. 逆时针旋转 60°

D. 顺时针旋转 60°

5.2　正弦电压与电流

5.2.1　正弦量概念　B 类考点

1. 定义

正弦交流电路——电流/电压的大小、方向按正弦规律变化，如图 5-5 所示。

2. 表达式

$$i(t) = I_m \cos(\omega t + \varphi)，u(t) = U_m \cos(\omega t + \varphi)$$

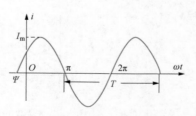

图 5-5　正弦交流电路

$$i = I_{\mathrm{m}}\sin(\omega t + \varphi)$$

5.2.2　正弦量的三要素　A类考点

正弦量的三个要素为：振幅、角频率、初相位。

1. 振幅

振幅是表征大小的量。

瞬时值：正弦电压或电流在每一个瞬时的数值，用小写字母 u 或 i 表示。

幅值：瞬时值中的最大值，用带下标 m 的大写字母（U_{m} 或 I_{m}）表示。

有效值：与交流热效应相等的直流定义为交流电的有效值。

$$\int_0^T i^2 R \mathrm{d}t = I^2 RT$$

$$I \overset{\mathrm{def}}{=\!=} \sqrt{\frac{1}{T}\int_0^T i^2(t)\,\mathrm{d}t}$$

$$E = \frac{E_{\mathrm{m}}}{\sqrt{2}}, U = \frac{U_{\mathrm{m}}}{\sqrt{2}}, I = \frac{I_{\mathrm{m}}}{\sqrt{2}}$$

（1）正弦交流电最大值与有效值为 $\sqrt{2}$ 倍关系。

（2）平时所说的交流电压和电流的大小均指有效值。

（3）交流电压表和电流表的读数指有效值。

（4）电器铭牌的电压和电流值指额定有效值。

（5）注意区分电压、电流的瞬时值（i，u）、最大值（I_{m}，U_{m}）、有效值（I，U）的符号。

2. 角频率

角频率是表征变化快慢的量。

周期：变化一周所需的时间，单位秒（s）。

频率：单位时间内变化的周数，单位赫兹（Hz）。

角频率：单位时间内变化的角度，单位弧度每秒（rad/s）。

3. 初相位

初相位是表征起始值的量。

相位：$\omega t + \varphi$，单位弧度（rad）。

初相位：ϕ，$t = 0$ 时的相位。

相位差：同频率正弦量的相位之差。

设：

$$i_1 = \sqrt{2}I_1\sin(\omega t + \psi_{i1}), u_2 = \sqrt{2}U_2\sin(\omega t + \psi_{u2})$$

相位差为：

$$\varphi_{12} = (\omega t + \psi_{i1}) - (\omega t + \psi_{u2}) = \psi_{i1} - \psi_{u2}$$

相位差等于初相差。

规定：

$$|\varphi| \leqslant \pi(180°)$$

两个正弦量进行相位比较时应满足同频率、同函数、同符号，且在主值范围比较。

（1）若 $\phi_{12}>0$，即 $\Psi_{i1}>\Psi_{u2}$，则称 i_1 超前 u_2，或称 u_2 滞后 i_1。

（2）若 $\phi_{12}<0$，即 $\Psi_{i1}<\Psi_{u2}$，则称 u_2 超前 i_1，或称 i_1 滞后 u_2。

（3）若 $\phi_{12}=0$，即 $\Psi_{i1}=\Psi_{u2}$，则称 i_1 与 u_2 同相。

（4）若 $|\phi_{12}|=\pi/2$，则称 i_1 和 u_2 正交。

（5）若 $\phi_{12}=\pi$，则称 i_1 与 u_2 反相。

注意：

（1）两同频率的正弦量之间的相位差为常数，与计时的选择起点无关。

（2）不同频率的正弦量比较无意义。

（3）初相位和相位差取值范围：$-180°\sim+180°$。

【例5-3】（多选题）正弦交流电的三要素是（　　）。

A. 最大值　　　　　　B. 初相角　　　　　　C. 角频率　　　　　　D. 串联

E. 并联

【例5-4】某一正弦交流电的表达式为 $i=\sin(1000t+30°)$ A，试求其最大值、有效值、角频率、频率和初相角各是多少？

答案：最大值 $I_m=1$A，有效值 $I=I_m/\sqrt{2}=0.707$A，角频率 $\omega=1000$rad/s，频率 $f=\dfrac{\omega}{2\pi}=159$Hz，初相角 $\varphi=30°$。

【例5-5】已知 $u(t)=5\cos(100t+60°)$ V，$i(t)=2\sin(100t-30°)$ A，则 u 对于 i 的相位差为（　　）。

A. $0°$　　　　　　B. $90°$　　　　　　C. $-90°$　　　　　　D. $180°$

5.3　正弦量的相量表示法

5.3.1　正弦量的表示方法　B类考点

1. 瞬时表达式

瞬时表达式为正弦或余弦形式，例如：$u=220\sqrt{2}\cos(\omega t-35°)$ V。

2. 波形图

正弦量的波形图如图5-6所示。

3. 相量

形如 $\dot{U}=220\angle-35°$V 的为相量，正弦量用旋转有向线段表示，如图5-7所示。

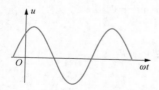

图5-6　正弦量的波形图

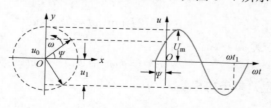

图5-7　正弦量用旋转有向线段表示图

5.3.2　相量法　A 类考点

1. 相量

用来表示正弦量的复数称为相量。

2. 本质

相量法的本质是提取大小和初相位转化成复数。

以下正弦量的相量表示为：

$u = 220\sqrt{2}\cos(\omega t - 35°)$ V　对应相量 $\dot{U} = 220\angle -35°$V

$\dot{I} = 100\angle 60°$A，$\omega = 100$rad/s　对应正弦量　$i = 100\sqrt{2}\sin(100t + 60°)$ A

注意：

（1）相量只是表示正弦量，而不等于正弦量。

$$i = I_m\sin(\omega t + \psi) \neq I_m e^{j\psi} = I_m\angle\psi$$

（2）只有正弦量才能用相量表示，非正弦量不能用相量表示。

（3）只有同频率的正弦量才能画在同一个相量图上。

【例 5-6】　正弦电流 $i_1 = 10\cos(314t + 60°)$ A，则 $\dot{I}_1 = (\quad)$、i_1 的振幅为
（　）、i_1 的有效值为（　）。

解：$\dot{I}_1 = \dfrac{10}{\sqrt{2}}\angle 60°$；振幅为 10；有效值为 $\dfrac{10}{\sqrt{2}}$。

【例 5-7】　已知 $i_1 = -5\cos(314t + 60°)$ A，其相量形式为（　）A。

解：$\dot{I}_1 = -\dfrac{5}{\sqrt{2}}\angle 60° = \dfrac{5}{\sqrt{2}}\angle -120°$。

本题注意：（1）幅值与有效值为 $\sqrt{2}$ 倍关系；（2）模值不能为负，负号转换成 180°。

【例 5-8】　将 u_1、u_2 用相量表示，$u_1 = 220\sqrt{2}\sin(\omega t + 20°)$，$u_2 = 110\sqrt{2}\sin(\omega t + 45°)$。

解：$\dot{U}_1 = 220\angle 20°$，$\dot{U}_2 = 110\angle 45°$。

【例 5-9】　已知 $\dot{I} = 10\angle 30°$，则该电流对应的正弦量 $i = (\quad)$。

A. $10\sqrt{2}\sin(\omega t + 30°)$　　　　　　　　B. $10\sqrt{2}\sin(\omega t - 30°)$

C. $10\sin(\omega t + 30°)$　　　　　　　　　　D. $10\sin(\omega t - 30°)$

5.4　基尔霍夫定律的相量形式　A 类考点

同频率的正弦量加减可以用对应的相量形式来进行计算。因此，在正弦电流电路中，KCL 和 KVL 可用相应的相量形式表示：

$$\sum \dot{I} = 0 \quad \sum \dot{U} = 0$$

表明：流入某一结点的所有正弦电流用相量表示时仍满足 KCL；而任一回路所有支路正弦电压用相量表示时仍满足 KVL。

【例 5-10】　电路如图 5-8 所示，已知 Z_1 中电流 $i_1 = 12.7\sqrt{2}\sin(314t + 30°)$ A，Z_2 中

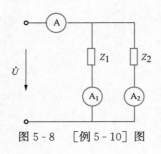

图 5-8　［例 5-10］图

电流 $i_2 = 11\sqrt{2}\sin(314t - 60°)$ A，求总电流 $i = i_1 + i_2$。

解：由于 $\dot{I}_1 = 12.7\angle 30°$A，$\dot{I}_2 = 11\angle -60°$A，于是：

$$\dot{I} = \dot{I}_1 + \dot{I}_2 = 12.7\angle 30° + 11\angle -60°$$
$$= 12.7(\cos 30° + \mathrm{j}\sin 30°) + 11(\cos 60° - \mathrm{j}\sin 60°)$$
$$= 16.5 - \mathrm{j}3.18 = 16.8\angle -10.9°\mathrm{A}$$

所以：

$$i = 16.8\sqrt{2}\sin(314t - 10.9°)\ \mathrm{A}$$

5.5　单一参数的交流欧姆定律

5.5.1　电阻元件　A 类考点

（1）相量表达式。

$$\dot{U}_R = R\dot{I} \tag{5-1}$$

（2）有效值关系。

$$U_R = RI$$

（3）相位关系。

$$\psi_u = \psi_i$$

（4）电阻与电导。电阻 R 与电导 G 互为倒数。

（5）相量图如图 5-9 所示。

（6）功率。瞬时功率以 2ω 交变，始终大于等于零，表明电阻始终吸收功率。

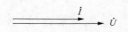

图 5-9　电阻元件相量图

有功功率为：

$$P = UI = I^2R = \frac{U^2}{R} \quad 单位为瓦（\mathrm{W}）$$

5.5.2　电感元件　A 类考点

（1）相量表达式。

$$\dot{U}_\mathrm{L} = \mathrm{j}\omega L\dot{I} = \mathrm{j}X_\mathrm{L}\dot{I} \tag{5-2}$$

（2）有效值关系

$$U_\mathrm{L} = \omega L I$$

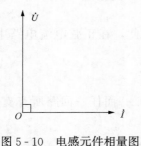

图 5-10　电感元件相量图

（3）相位关系。

$$\Psi_u = \Psi_i + 90°$$

（4）感抗与感纳。

$X_\mathrm{L} = \omega L = 2\pi f L$，感抗，单位为欧姆（$\Omega$）

$B_\mathrm{L} = -\dfrac{1}{\omega L} = -\dfrac{1}{2\pi f L}$，感纳，单位为 S。

感抗是表示限制电流的能力，感抗和频率成正比。

（5）相量图如图 5 - 10 所示。

（6）功率。瞬时功率以 2ω 交变，有正有负，一周期内刚好互相抵消，表明电感只储能不耗能。

无功功率 Q 为：

$$Q = UI = I^2 X_L = \frac{U^2}{X_L} \quad 单位为 \text{var}$$

【例 5 - 11】 把一个 0.1H 的电感接到 $f=50\text{Hz}$，$U=10\text{V}$ 的正弦电源上，求 I，若 U 保持不变，而电源 $f=5000\text{Hz}$，这时 I 为多少？

解：（1）当 $f=50\text{Hz}$ 时：

$$X_L = 2\pi f L = 2 \times 3.14 \times 50 \times 0.1 = 31.4\Omega$$

$$I = \frac{U}{X_L} = \frac{10}{31.4} = 318\text{mA}$$

（2）当 $f=5000\text{Hz}$ 时：

$$X_L = 2\pi f L = 2 \times 3.14 \times 5000 \times 0.1 = 3140\Omega$$

$$I = \frac{U}{X_L} = \frac{10}{3140} = 3.18\text{mA}$$

5.5.3　电容元件　A 类考点

（1）相量表达式。

$$\dot{U}_C = -j\frac{1}{\omega C}\dot{I} = jX_C\dot{I} \qquad (5 - 3)$$

（2）有效值关系。

$$I = \omega C U_C$$

（3）相位关系。

$$\psi_i = \psi_u + 90°$$

（4）容抗与容纳。

$$X_C = -\frac{1}{\omega C}，称为容抗，单位为欧姆（\Omega）$$

$B_C=\omega C$，称为容纳，单位为西门子（S）

容抗和频率成反比：$\omega \to 0$，$|X_C| \to \infty$，直流开路（隔直）；$\omega \to \infty$，$|X_C| \to 0$，高频短路。

（5）相量图如图 5 - 11 所示。

（6）功率。瞬时功率以 2ω 交变，有正有负，一周期内刚好互相抵消，表明电容只储能不耗能。

无功功率 Q 为：

$$Q = -UI = -I^2 X_C = -\frac{U^2}{X_C} \quad 单位为 \text{var}$$

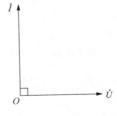

图 5 - 11　电容元件相量图

5.5.4　正弦量的微分、积分运算　B 类考点

有如下各式成立：

$$u = Ri \quad u = L\frac{di}{dt} \quad u = \frac{1}{C}\int i\,dt$$

$$\dot{U} = R\dot{I} \quad \dot{U} = j\omega L\dot{I} \quad \dot{U} = -j\frac{1}{\omega C}\dot{I} = \frac{1}{j\omega C}\dot{I}$$

则：$\dfrac{di}{dt} \Rightarrow j\omega\dot{I} \qquad \displaystyle\int i\,dt \Rightarrow \dfrac{\dot{I}}{j\omega}$

综上结论为正弦量的导数相量等于原相量的 $j\omega$ 倍；正弦量的积分相量等于原相量的 $\dfrac{1}{j\omega}$ 倍。

5.6 阻 抗 和 导 纳

5.6.1 复阻抗   A类考点

1. 定义

无源线性一端口网络，正弦稳态时，端口的电压相量和电流相量的比值为复阻抗，符号为 Z（单位为 Ω）。

2. 表达式

$$Z = \frac{\dot{U}}{\dot{I}} = |Z| \angle \varphi_Z \tag{5-4}$$

式中，$|Z|$ 为阻抗模；$\varphi_Z = \varphi_u - \varphi_i$ 为阻抗角。

Z 为复数，也称为复阻抗，其不是相量故不加点。

$$|Z| = \frac{U}{I} = \sqrt{R^2 + X^2}$$

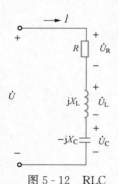

图 5-12 RLC 串联电路

阻抗的模为阻抗两端的电压有效值和流过阻抗的电流有效值之比。阻抗角为阻抗两端的电压和流过阻抗的电流的相位差。

3. 对应 RLC 串联电路

对应的 RLC 串联电路如图 5-12 所示。

(1) $Z = R + j(\omega L - 1/\omega C) = |Z| \angle \varphi_Z$，此时 Z 为复数，称复阻抗。

(2) $\omega L > 1/\omega C$，$X > 0$，$\varphi_Z > 0$，电路为感性，电压超前电流。

(3) $\omega L < 1/\omega C$，$X < 0$，$\varphi_Z < 0$，电路为容性，电压落后电流。

(4) $\omega L = 1/\omega C$，$X = 0$，$\varphi_Z = 0$，电路为电阻性，电压与电流同相。

RLC 串联电路会出现分电压大于总电压的现象。

5.6.2 复导纳   A类考点

1. 定义

无源线性一端口网络，正弦稳态时，端口的电流相量和电压相量的比值为复导纳，符号为 Y〔单位为西门子（S）〕。

2. 表达式

$$Y = \frac{\dot{I}}{\dot{U}} = |Y| \angle \varphi_Y \tag{5-5}$$

式中，$|Y|$ 为导纳模；$\varphi_Y = \varphi_i - \varphi_u$ 为导纳角。

Y 为复数，称为复导纳，其不是相量故不加点。

3. 对应的 RLC 并联电路

对应的 RLC 并联电路如图 5-13 所示。

(1) $Y = G + j\,(\omega C - 1/\omega L) = |Y| \angle \varphi_Y$，此时 Y 为复数，称复导纳。

(2) $\omega C > 1/\omega L$，$B > 0$，$\varphi_Y > 0$，电路为容性，电流超前电压。

(3) $\omega C < 1/\omega L$，$B < 0$，$\varphi_Y < 0$，电路为感性，电流落后电压。

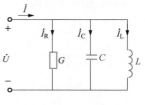

图 5-13　RLC 并联电路

(4) $\omega C = 1/\omega L$，$B = 0$，$\varphi_Y = 0$，电路为电阻性，电流与电压同相。

RLC 并联电路会出现分电流大于总电流的现象。

5.6.3　复阻抗和复导纳的等效互换　A 类考点

同一个两端口电路，阻抗和导纳可以互换，互换的条件为：

$$Z = 1/Y \qquad\qquad (5-6)$$

导纳转化为阻抗：

$$Y = \frac{1}{Z} = G + jB = \frac{1}{R + jX} = \frac{R}{|Z|^2} - j\,\frac{X}{|Z|^2}$$

阻抗转化为导纳：

$$Z = \frac{1}{Y} = R + jX = \frac{1}{G + jB} = \frac{G}{|Y|^2} - j\,\frac{B}{|Y|^2}$$

【例 5-12】　图 5-14 所示电路的（复）导纳 Y 为（　　）。

A. $\left(\dfrac{1}{5} + j\,\dfrac{1}{5}\right)$S　　　B. $\left(\dfrac{1}{5} - j\,\dfrac{1}{5}\right)$S　　　C. $\left(\dfrac{1}{10} - j\,\dfrac{1}{10}\right)$S　　　D. $\left(\dfrac{1}{10} + j\,\dfrac{1}{10}\right)$S

【例 5-13】　图 5-15 所示电路 $R = 3$，ω 为 1 时，$X = 2$，求 ω 为 2 时的等效导纳 $Y =$（　　）S。

A. $3 + j4$　　　　　B. $\dfrac{3 + j4}{25}$　　　　　C. $\dfrac{3 - j4}{25}$　　　　　D. $3 - j4$

【例 5-14】　图 5-16 所示电路中，$i = 10\cos 2t$ A，则单口网络相量模型的等效阻抗等于（　　）Ω。

A. $2 + j$　　　　　B. $1 - j$　　　　　C. $1 + j$　　　　　D. $-2 + j$

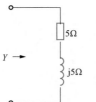

图 5-14　［例 5-12］图

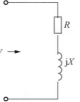

图 5-15　［例 5-13］图

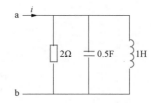

图 5-16　［例 5-14］图

5.6.4 阻抗（导纳）的串联和并联　A类考点

阻抗的串联公式为：

$$Z = \sum_{k=1}^{n} Z_k = \sum_{k=1}^{n}(R_k + jX_k) \tag{5-7}$$

分压公式为：

$$\dot{U}_i = \frac{Z_i}{Z}\dot{U} \tag{5-8}$$

导纳的并联公式为

$$Y = \sum_{k=1}^{n} Y_k = \sum_{k=1}^{n}(G_k + jB_k) \tag{5-9}$$

分流公式为：

$$\dot{I}_i = \frac{Y_i}{Y}\dot{I} \tag{5-10}$$

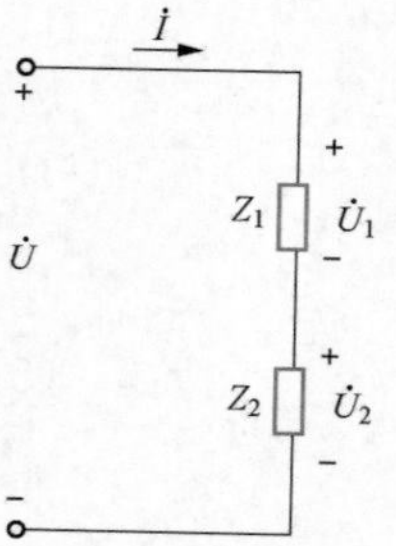

【例 5 - 15】　图 5 - 17 所示电路中，两个阻抗 $Z_1 = 6.16 + j9\ \Omega$，$Z_2 = 2.5 - j4\ \Omega$，它们串接在 $\dot{U} = 220\angle 30°\text{V}$ 的电源上，求 $\dot{I}$、$\dot{U}_1$ 和 $\dot{U}_2$。

解：

图 5 - 17　[例 5 - 15] 图

$$Z = Z_1 + Z_2 = (6.16 + 2.5) + j(9 - 4) = 8.66 + j5 = 10\angle 30°\ \Omega$$

$$\dot{I} = \frac{\dot{U}}{Z} = \frac{220\angle 30°}{10\angle 30°} = 22\angle 0°\text{A}$$

$$\dot{U}_1 = Z_1\dot{I} = (6.16 + j9)\times 22 = 10.9\angle 55.6°\times 22 = 239.8\angle 55.6°(\text{V})$$

$$\dot{U}_2 = Z_2\dot{I} = (2.5 - j4)\times 22 = 103.6\angle -58°(\text{V})$$

或可利用分压公式求得：

$$\dot{U}_1 = \frac{Z_1}{Z_1 + Z_2}\dot{U} = \frac{6.16 + j9}{8.66 + j5}\times 220\angle 30° = 239.8\angle 55.6°(\text{V})$$

$$\dot{U}_2 = \frac{Z_2}{Z_1 + Z_2}\dot{U} = \frac{2.5 + j4}{8.66 + j5}\times 220\angle 30° = 103.6\angle -58°(\text{V})$$

【例 5 - 16】　图 5 - 18 中给定的电路电压、阻抗是否正确？

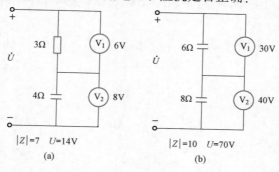

图 5 - 18　[例 5 - 16] 图

分析：两个阻抗串联时，在什么情况下

$|Z| = |Z_1| + |Z_2|$ 成立？

解：当 Z_1 和 Z_2 阻抗角相等时，等式成立。

【例 5 - 17】　图 5 - 19 中有两个阻抗 $Z_1 = 3 + j4\,\Omega$，$Z_2 = 8 - j6\,\Omega$，它们并联接在 $\dot{U} = 220\angle 0°\mathrm{V}$ 的电源上，求 $\dot{I}_1$、$\dot{I}_2$ 和 $\dot{I}$。

解：

$$Z = \frac{Z_1 \cdot Z_2}{Z_1 + Z_2} = \frac{5\angle 53° \times 10\angle -37°}{3 + j4 + 8 - j6} = \frac{50\angle 16°}{11.8\angle -10.5°}$$
$$= 4.47\angle 26.5°\,\Omega$$

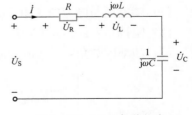

图 5 - 19　［例 5 - 17］图

$$\dot{I}_1 = \frac{\dot{U}}{Z_1} = \frac{220\angle 0°}{5\angle 53°} = 44\angle -53°\mathrm{A}$$

$$\dot{I}_2 = \frac{\dot{U}}{Z_2} = \frac{220\angle 0°}{10\angle -37°} = 224\angle 37°\mathrm{A}$$

$$\dot{I} = \dot{I}_1 + \dot{I}_2 = 44\angle -53° + 22\angle 37° = 49.2\angle -26.5°\mathrm{A}$$

或也可用如下公式计算：

$$\dot{I} = \frac{\dot{U}}{Z} = \frac{220\angle 0°}{4.47\angle 26.5°} = 49.2\angle -26.5°\mathrm{A}$$

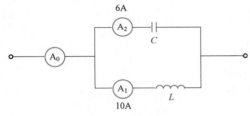

图 5 - 20　［例 5 - 18］图

【例 5 - 18】　图 5 - 20 所示电路中，A₁、A₂ 读数分别为 10A、6A，则电流 A₀ 读数为（　　）A。

A. 6　　　　　　　　B. 4

C. 16　　　　　　　　D. 10

5.7　正弦稳态电路的功率

5.7.1　瞬时功率　C 类考点

正弦稳态电路的瞬时功率表达式为 $p(t) = ui$，RLC 串联电路如图 5 - 21 所示。注意，瞬时功率有时为正，有时为负，$p > 0$ 表示电路吸收功率，$p < 0$ 表示电路发出功率。

5.7.2　平均功率（有功功率）P　A 类考点

平均功率的定义为：

$$P = UI\cos\varphi \qquad\qquad (5 - 11)$$

单位为瓦（W）。

图 5 - 21　RLC 串联电路

5.7.3　无功功率 Q　A 类考点

无功功率的定义为：

$$Q \overset{\text{def}}{=} UI\sin\varphi \tag{5-12}$$

单位为乏（var）。

$Q>0$，认为网络吸收无功功率；$Q<0$，认为网络发出无功功率。

5.7.4 视在功率 S A类考点

视在功率的定义为：

$$S = \sqrt{P^2 + Q^2} \tag{5-13}$$

单位为伏安（VA）。

视在功率反映电气设备的容量。三种功率之间的关系如下：

$$P = S\cos\varphi, Q = S\sin\varphi, \varphi = \arctan\left(\frac{Q}{P}\right)$$

5.7.5 复功率 $\widetilde{S}$ A类考点

1. 与电压电流关系

$$\widetilde{S} = \dot{U}\dot{I}^* \tag{5-14}$$

单位为 VA。

2. 与阻抗导纳关系

$$\widetilde{S} = ZI^2 = RI^2 + jXI^2$$
$$\widetilde{S} = Y^*U^2 = GU^2 - jBU^2（此公式不用记）$$

注意：

（1）复功率 $\widetilde{S}$ 把 P、Q、S 联系在一起，它的实部是平均功率，虚部是无功功率，模是视在功率；辐角是功率因数角。

（2）复功率是复数，但不是相量，它不对应任意正弦量。

（3）复功率满足复功率守恒。因为在正弦稳态下，任一电路的所有支路吸收的有功功率之和为零，吸收的无功功率之和也为零。

（4）复功率守恒，但视在功率不守恒。

5.7.6 功率因数 $\cos\varphi$ A类考点

阻抗角的余弦 $\cos\varphi$ 即为功率因数。

φ 的含义如下：

（1）端电压与电流的夹角：$\varphi_u - \varphi_i$。

（2）阻抗角：$\arctan(X/R)$。

（3）功率因数角：$\arctan(Q/P)$。

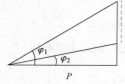

$P(\tan\varphi_1 - \tan\varphi_2)$ 需补偿的无功

提高功率因数的意义为减小线路上的损耗，提高传输效率；提高设备容量利用率。

确定并联电容的公式为：

$$C = \frac{P}{\omega U^2}(\tan\varphi_1 - \tan\varphi_2)$$

图 5-22 并联电容的极坐标

并联电容的极坐标如图 5-22 所示。

计算补偿电容的相量图如图 5 - 23 所示。

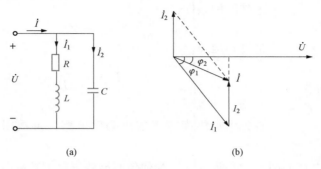

(a)　　　　　　　　(b)

图 5 - 23　计算补偿电容的相量图

由图 5 - 23 可知：

$$I_2 = I_1 \sin\varphi_1 - I\sin\varphi \quad I_2 = \omega CU \quad I_1 = \frac{P}{U\cos\varphi_1} \quad I = \frac{P}{U\cos\varphi}$$

$$C = \frac{P}{\omega U^2}(\tan\varphi_1 - \tan\varphi)$$

【例 5 - 19】已知负载电压为 220V、50Hz，吸收的有功为 300kW，功率因数 $\cos\varphi_1 = 0.5$，若要将功率因数补偿到 $\cos\varphi = 0.8$，则电容 C 应为（　　）。

A. 0.019F　　　B. 0.16F　　　C. 0.34F　　　D. 1.2F

【例 5 - 20】如图 5 - 24 所示，已知 $R = 3\Omega$，$L = 4H$，$\omega = 1\text{rad/s}$，要使功率因数补偿到 1，则电容 C 应为（　　）。

A. 6.25F　　　B. 0.16F　　　C. 1F　　　D. 2F

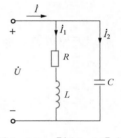

图 5 - 24　[例 5 - 20] 图

【例 5 - 21】图 5 - 25 所示为线性无源二端网络 N，已知 $\dot{U} = 100\angle 60°$V，$\dot{I} = 5\sqrt{2}\angle 15°$A，该二端网络吸收的有功功率 $P =$（　　），无功功率 $Q =$（　　），复功率 $\widetilde{S} =$（　　），功率因数为（　　）。

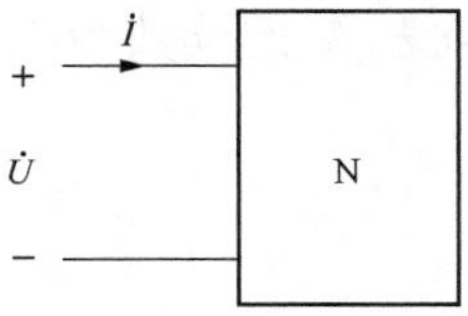

解：

$$\varphi = 60° - 15° = 45°$$

$$P = UI\cos\varphi = 100 \times 5\sqrt{2}\cos45° = 500\text{W}$$

$$Q = UI\sin\varphi = 100 \times 5\sqrt{2}\sin45° = 500\text{var}$$

$$\widetilde{S} = P + jQ = 500 + j500 = 500\sqrt{2}\angle 45°\text{VA}$$

$$\cos\varphi = \cos45° = \sqrt{2}/2$$

图 5 - 25　[例 5 - 21] 图

5.8　最大传输功率　A 类考点

当负载可变时，如图 5 - 26 所示，讨论 Z_L 为何值时才能从端口获取最大功率。

正弦电路中负载获得最大功率 $P_{\max}$ 的条件如下。

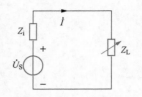

图 5 - 26 最大传输功率
的标准电路模型

1. 简单电路

最佳匹配条件：

$$Z_L = Z_i^* \qquad (5-15)$$

最大功率为：

$$P_{max} = \frac{U_S^2}{4R_i} \qquad (5-16)$$

2. 复杂电路

首先用戴维南定理求出等效电路，再根据等效后的电路进行计算。

【例 5 - 22】 电路如图 5 - 27 所示，Z_L 为何值时能获得最大功率，并求出此最大功率。

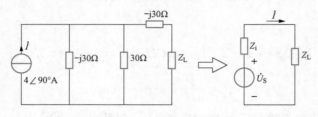

图 5 - 27 ［例 5 - 22］图

解：去掉负载，求剩余一端口戴维南等效电路，则

$$Z_i = -j30 + (-j30 /\!/ 30) = 15 - j45\Omega$$

$$\dot{U}_S = 4j \times (-j30 /\!/ 30) = 60\sqrt{2}\angle 45°V$$

当 $Z_L = Z_i^* = 15 + j45\Omega$ 时 Z_L 获得最大的功率传输，最大功率为：

$$P_{max} = \frac{(60\sqrt{2})^2}{4 \times 15} = 120W$$

5.9 正弦稳态电路的计算 A 类考点

【例 5 - 23】 图 5 - 28（a）所示电路中，已知 $X_L = X_C = R$，电流表 A_1 的读数为 3A，试问（1）A_2 和 A_3 的读数为多少？（2）并联等效阻抗 Z 为多少？

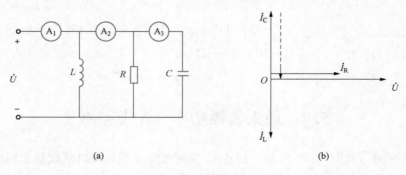

(a)   (b)

图 5 - 28 ［例 5 - 23］图

解：画相量图，如图 5 - 28（b）所示。

因为：

$$\dot{I}_R + \dot{I}_L + \dot{I}_C = \dot{I} = \dot{I}_R = 3\angle 0°$$

所以：

$$\dot{I}_C = 3\angle 90°（A_3 \text{ 表}）$$

所以：

$$\dot{I}_R + \dot{I}_C = 3\sqrt{2}\angle 45°（A_2 \text{ 表}）$$

并联等效阻抗 $Z=R$。

【例 5 - 24】图 5 - 29（a）所示电路中，已知 $I_1 = 10\text{A}$，$U_{AB} = 100\text{V}$，求总电压表和总电流表的读数。

解：用相量法计算，设

$$\dot{U}_{AB} = 100\angle 0°\text{V}$$

$$\dot{I}_1 = \text{j}10（A）$$

$$\dot{I}_2 = \frac{\dot{U}_{AB}}{5+\text{j}5} = \frac{100}{5+\text{j}5} = 10\sqrt{2}\angle -45° = 10 - \text{j}10（A）$$

$$\dot{I} = \dot{I}_1 + \dot{I}_2 = 10 = 10\angle 0°（A）$$

$$\dot{U}_L = \text{j}10\dot{I} = \text{j}100（\Omega）$$

$$\dot{U} = \dot{U}_{AB} + \dot{U}_L = 100 + \text{j}100 = 100\sqrt{2}\angle 45°（\text{电压表读数}）$$

相量图，如图 5 - 29（b）所示。

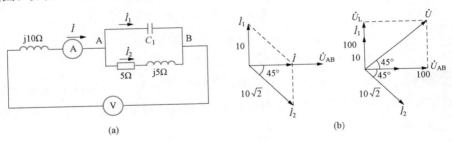

图 5 - 29　［例 5 - 24］图

【例 5 - 25】电路如图 5 - 30 所示，已知 $u = 220\sqrt{2}\sin\omega t\ \text{V}$，$R = 50\Omega$，$R_1 = 100\Omega$，$X_L = 200\Omega$，$X_C = 400\Omega$，求 i_1、i_2 和 i。

解：用相量法计算如下：

$$\dot{U} = 220\angle 0°\text{V}$$

$$Z_1 = R_1 + \text{j}X_L = (100 + \text{j}200)\Omega，Z_2 = -\text{j}X_C = -\text{j}400（\Omega）$$

$$Z = 50 + \frac{(100+\text{j}200)(-\text{j}400)}{100+\text{j}200-\text{j}400} = 440\angle 33°（\Omega）$$

$$\dot{I} = \frac{\dot{U}}{Z} = \frac{220\angle 0°}{440\angle 33°} = 0.5\angle -33°（A）$$

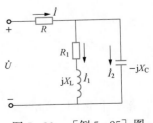

图 5 - 30　［例 5 - 25］图

$$\dot{I}_1 = \frac{Z_2}{Z_1 + Z_2}\dot{I} = \frac{-\text{j}400}{100 + \text{j}200 - \text{j}400} \times 0.5\angle -33°$$
$$= 0.89\angle -59.6°(\text{A})$$

$$\dot{I}_2 = \frac{Z_1}{Z_1 + Z_2}\dot{I} = \frac{100 + \text{j}200}{100 + \text{j}200 - \text{j}400} \times 0.5\angle -33° = 0.5\angle 93.8°(\text{A})$$

$$i = 0.5\sqrt{2}\sin(\omega t - 33°)(\text{A})$$

$$i_1 = 0.89\sqrt{2}\sin(\omega t - 59.6°)(\text{A})$$

$$i_2 = 0.5\sqrt{2}\sin(\omega t + 93.8°)(\text{A})$$

【例 5 - 26】 图 5 - 31（a）所示电路中，已知 $U_{AB}=50\text{V}$，$U_{AC}=78\text{V}$，问 U_{BC} 的值。

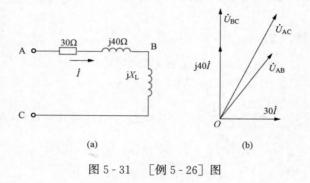

图 5 - 31 ［例 5 - 26］图

解：相量图，如图 5 - 31（b）所示，则：

$$U_{AB} = \sqrt{(30I)^2 + (40I)^2} = 50I$$

$$I = 1\text{A}, U_R = 30\text{V}, U_L = 40\text{V}$$

$$U_{AC} = 78 = \sqrt{(30)^2 + (40 + U_{BC})^2}$$

$$U_{BC} = \sqrt{(78)^2 - (30)^2} - 40 = 32\text{V}$$

【例 5 - 27】 图 5 - 32（a）所示电路中，已知 $U=220\text{V}$，$f=50\text{Hz}$，电流表 A_1 读数为 4A，A_2 读数为 4A，A 读数为 4A，已知负载 Z_1 为感性，总电路呈电阻性，试求 Z_1、Z_2。

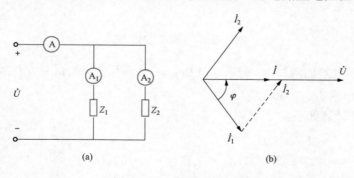

图 5 - 32 ［例 5 - 27］图

解：相量图，如图 5 - 32（b）所示，则：

$$|Z_1| = |Z_2| = \frac{220}{4} = 55(\Omega)$$

$$\varphi = 60^\circ$$
$$Z_1 = 55\angle 60^\circ$$
$$Z_2 = 55\angle - 60^\circ$$

【例 5 - 28】　图 5 - 33 所示电路中，当交流电压为 220V，频率为 50Hz 时，三只灯的亮度相同，现将交流电频率改为 100Hz，则下列情况正确的是（　　）。

A. A 灯比原来暗

B. B 灯比原来亮

C. C 灯比原来亮

D. C 灯和原来一样亮

【例 5 - 29】　图 5 - 34 所示电路中，若 $u = 30\sin(\omega t - 15^\circ)$ V，$i = 2\sin(\omega t + 45^\circ)$ A，则电路 N 吸收的平均功率 $P =$（　　）。

A. 30W   B. 20W   C. 15W   D. 13W

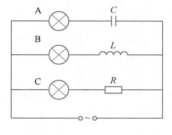

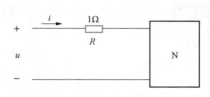

图 5 - 33　[例 5 - 28]图　　　　　图 5 - 34　[例 5 - 29]图

5.10　电路的频率响应

5.10.1　网络函数　C 类考点

1. 定义

在线性正弦稳态网络中，当只有一个独立激励源作用时，网络中某一处的响应（电压或电流）与网络输入之比，称为该响应的网络函数。

$$H(j\omega) = \frac{\dot{R}(j\omega)}{\dot{E}(j\omega)} \tag{5 - 17}$$

2. 分类

（1）驱动点函数，如图 5 - 35 所示。

驱动点阻抗。激励是电流源，响应是电压：

$$H(j\omega) = \frac{\dot{U}(j\omega)}{\dot{I}(j\omega)} \tag{5 - 18}$$

驱动点导纳。激励是电压源，响应是电流：

$$H(j\omega) = \frac{\dot{I}(j\omega)}{\dot{U}(j\omega)} \tag{5 - 19}$$

图 5 - 35　驱动点函数

（2）转移函数（传递函数），如图 5 - 36 所示。

转移导纳：

图 5 - 36 转移函数

$$H(j\omega) = \frac{\dot{I}_2(j\omega)}{\dot{U}_1(j\omega)} \qquad (5-20)$$

转移电压比:

$$H(j\omega) = \frac{\dot{U}_2(j\omega)}{\dot{U}_1(j\omega)} \qquad (5-21)$$

转移阻抗:

$$H(j\omega) = \frac{\dot{U}_2(j\omega)}{\dot{I}_1(j\omega)} \qquad (5-22)$$

转移电流比:

$$H(j\omega) = \frac{\dot{I}_2(j\omega)}{\dot{I}_1(j\omega)} \qquad (5-23)$$

【例 5 - 30】 电路如图 5 - 37 所示,求网络函数 $\dfrac{\dot{I}_2}{\dot{U}_S}$ 和 $\dfrac{\dot{U}_L}{\dot{U}_S}$ 。

解:因为:

$$(2+j\omega)\dot{I}_1 - 2\dot{I}_2 = \dot{U}_S$$

$$(4+j\omega)\dot{I}_2 - 2\dot{I}_1 = 0$$

所以:

$$\dot{I}_2 = \frac{2\dot{U}_S}{(j\omega)^2 + j6\omega + 4}$$

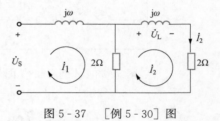

图 5 - 37 [例 5 - 30] 图

$$\frac{\dot{I}_2}{\dot{U}_S} = \frac{2}{4 - \omega^2 + j6\omega}$$

$$\frac{\dot{U}_L}{\dot{U}_S} = \frac{j2\omega}{4 - \omega^2 + j6\omega}$$

5.10.2 串联谐振 A 类考点

含 R、L、C 的一端口电路,如图 5 - 38 所示,在特定条件下出现端口电压、电流同相位的现象时,称电路发生了谐振。

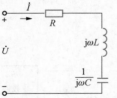

图 5 - 38 RLC 串联谐振电路

$$\frac{\dot{U}}{\dot{I}} = Z = R$$

1. 谐振条件

$$\omega_0 L = \frac{1}{\omega_0 C}$$

谐振角频率为:

$$\omega_0 = \frac{1}{\sqrt{LC}} \qquad (5-24)$$

谐振频率为:

$$f_0 = \frac{1}{2\pi\sqrt{LC}} \tag{5-25}$$

2. RLC 串联电路谐振时的特点

（1）阻抗模最小，$|Z| = R$。

（2）电压谐振：$\dot{U} = \dot{U}_R$ 外电压完全加到电阻上；

$\dot{U}_L + \dot{U}_C = 0$ 对外相当于短路；

$U_L = U_C = QU$ 出现局部过电压。

（3）电流达到最大值。

（4）有功功率最大、无功功率为零。

（5）储能是不随时间变化的常量，且等于最大值。

电场能量为：

$$w_C = \frac{1}{2}Cu_C^2 = \frac{1}{2}LI_m^2 \cos^2\omega_0 t \tag{5-26}$$

磁场能量为：

$$w_L = \frac{1}{2}Li^2 = \frac{1}{2}LI_m^2 \sin^2\omega_0 t \tag{5-27}$$

总存储能量为：

$$w_总 = w_L + w_C = \frac{1}{2}LI_m^2 = \frac{1}{2}CU_{Cm}^2 = CQ^2U^2 \tag{5-28}$$

注意：

①电场能量和磁场能量作周期振荡性的交换，而不与电源进行能量交换。

②总能量是不随时间变化的常量，且等于最大值。

（6）品质因数为：

$$Q = \frac{1}{R}\sqrt{\frac{L}{C}} = \frac{X_L}{R} = \frac{U_{XL}}{U_R} = \frac{Q_L}{P} \tag{5-29}$$

3. 串联电路实现谐振的方式

（1）L、C 不变，改变 ω。

（2）电源频率不变，改变 L 或 C（常改变 C）。

【例 5-31】 图 5-39 所示为一个接收器，其电路参数为：$U = 10\text{V}$，$\omega = 5000\text{rad/s}$，调节 C 使电路中的电流最大，$I_{max} = 200\text{mA}$，测得电容电压为 600V，求 R、L、C 及 Q。

解：

$$R = \frac{U}{I_0} = \frac{10}{200\times10^{-3}} = 50\Omega$$

$$Q = \frac{U_C}{U} = \frac{600}{10} = 60$$

$$X_L = RQ$$

所以：

$$L = \frac{RQ}{\omega_0} = \frac{50\times60}{5\times10^3} = 600\text{mH}$$

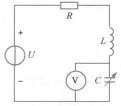

图 5-39　［例 5-31］图

$$C = \frac{1}{\omega_0^2 L} = 0.667\mu F$$

【例 5 - 32】 收音机原调谐至 600kHz，现在要收听 1200kHz 电台的节目，则可变电容的电容量应调至原来的（　　）倍。

A. 2　　　　　　　　B. 4　　　　　　　　C. 1/2　　　　　　　　D. 1/4

5.10.3　RLC 串联电路的频率响应　B 类考点

1. 频率响应

电路和系统的工作状态跟随频率而变化的现象，称为电路和系统的频率特性，又称频率响应。

经常分析输出量与输入量之比的频率特性，即网络函数的频率特性。

2. 串联电路的频率响应

RLC 串联电路频率响应的电路模型。

求解图 5 - 40 所示电路的网络函数，得到如图 5 - 41 所示的图形，从而分析 Q 值对幅频特性的影响。

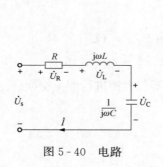

图 5 - 40　电路　　　　　　　　图 5 - 41　Q 值对幅频特性的影响

$$H(j\omega) = \frac{\dot{U}_R(j\omega)}{\dot{U}_s(j\omega)} = \frac{R}{R + j\left(\omega L - \frac{1}{\omega C}\right)} = \frac{1}{1 + j\frac{\omega_0 L}{R}\left(\frac{\omega}{\omega_0} - \frac{\omega_0}{\omega}\right)}$$

$$H_R(j\eta) = \frac{1}{1 + jQ\left(\eta - \frac{1}{\eta}\right)}\qquad \eta = \frac{\omega}{\omega_0}$$

幅频特性为：

$$|H_R(j\eta)| = \sqrt{\frac{1}{1 + Q^2\left(\eta - \frac{1}{\eta}\right)^2}}$$

品质因数 Q 越大，电路对非谐振频率信号的抑制能力越强，选择性好，通频带越窄。

通频带为：$BW = \omega_2 - \omega_1 = \frac{\omega_0}{Q}$（通频带为半功率点频率区间、也是幅值大于 $\sqrt{2}/2$ 最大值频率区间）

$$Q = \frac{\omega_0}{BW}$$

5.10.4　并联谐振　A 类考点

1. 定义

RLC 并联谐振电路，如图 5 - 42 所示，若出现电压与电流同相位，呈纯阻性时，则电路发生了并联谐振。

2. 谐振条件

$$\omega_0 C = \frac{1}{\omega_0 L}$$

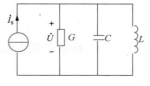

图 5 - 42　RLC 并联谐振电路

谐振角频率为：

$$\omega_0 = \frac{1}{\sqrt{LC}} \qquad (5 - 30)$$

谐振频率为：

$$f_0 = \frac{1}{2\pi \sqrt{LC}} \qquad (5 - 31)$$

3. 谐振特点

（1）导纳模值最小，$|Y| = \frac{1}{R}$。

（2）电流谐振：$\dot{I} = \dot{I}_R$ 电流源电流完全流过电导。

$\dot{I}_L + \dot{I}_C = 0$ 整体相当于开路；

$I_L = I_C = QI$ 出现局部过电流。

（3）电压达到最大值。

（4）有功功率最大、无功功率为零。

（5）储能是不随时间变化的常量，且等于最大值。

品质因数为：

$$Q = R\sqrt{\frac{C}{L}} = RB_C = \frac{I_C}{I_R} = \frac{Q_C}{P}$$

5.10.5　滤波器简介　C 类考点

具有选频功能的中间网络，工程上称为滤波器。滤波器分为低通、高通、带通、带阻四种，如图 5 - 43 所示。

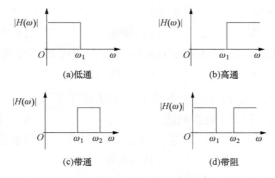

图 5 - 43　滤波器

图 5 - 44 所示电路为低通滤波器。

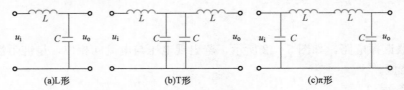

图 5 - 44　低通滤波器

图 5 - 45 所示电路为高通滤波器。

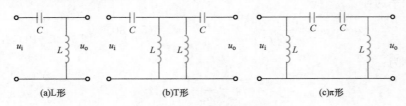

图 5 - 45　高通滤波器

图 5 - 46 所示电路为带通滤波器。

图 5 - 47 所示电路为带阻滤波器。

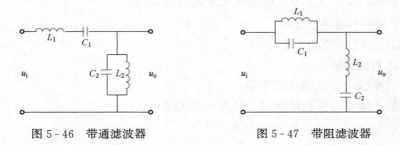

图 5 - 46　带通滤波器　　　　　图 5 - 47　带阻滤波器

习题

(1) 已知 $u(t)=10\cos(100t-60°)$ V，$i(t)=5\sin(100t+40°)$ A，求 u 对于 i 的相位差（　　）。

A. $100°$　　　　　　B. $30°$　　　　　　　　C. $-10°$　　　　　D. $20°$

(2) 正弦量的角频率与（　　）成正比。

A. 电流　　　　　B. 周期　　　　　　C. 频率　　　　　　D. 幅值

(3) 已知某正弦交流电压 $u=380\sin(\omega t+\varphi)$ V，则可知其有效值是（　　）。

A. 220V　　　　　B. 268.7V　　　　　C. 380V

(4) 电流幅值 I_m 与其有效值 I 的关系式 $I_m=\sqrt{2}I$ 适用于（　　）。

A. 任何电流　　　B. 任何周期性电流　　　　　　C. 正弦电流

(5) 判断：$u=5\sin(20t+30°)$ V 与 $i=\sin(30t+10°)$ A 的相位差为 $20°$。（　　）

A. 正确　　　　　　　　　B. 错误

(6) 家用电器的额定电压指的是电压（　　）。

A. 瞬时值　　　　　B. 最大值　　　　　　C. 有效值　　　　　　D. 不一定

(7) 正弦量的三要素中（　　）和（　　）构成的复数定义为正弦量的相量，（　　）不参与相量的运算。

A. 幅值　　　　　　B. 角速度　　　　　　C. 初相位

(8) 应用相量法分析的是（　　）电路。

A. 时不变　　　　　B. 线性　　　　　　　C. 稳态正弦　　　　　D. 正弦

(9) 判断：纯电阻单相正弦交流电路中的电压与电流，其瞬时值遵循欧姆定律。（　　）

A. 正确　　　　　　B. 错误

(10) 在正弦交流电路中，结点电流的方程是（　　）。

A. $\sum \dot{I}=0$　　　B. $\sum \dot{I}=1$　　　C. $\sum \dot{I}=2$　　　D. $\sum I=0$

(11) 判断：非关联参考方向下，电感的电压与电流满足 $\dot{U}_L=\mathrm{j}\omega L\dot{I}=\mathrm{j}X_L\dot{I}$。（　　）

A. 正确　　　　　　B. 错误

(12) 图 5 - 48 所示的一段支路有角频率为 ω 的正弦电流，已知此电流的有效值是 1A，则此支路两端的电压有效值为（　　）。

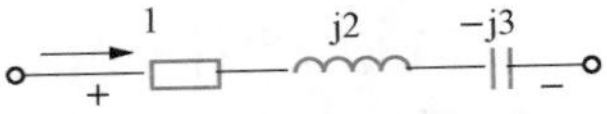

图 5 - 48　习题 12 图

A. 1/2V　　　　　　B. 2V　　　　　　　C. $\sqrt{2}$V　　　　　　D. $\sqrt{2}/2$V

(13) 图 5 - 48 所示一段支路由 R、L、C 三个元件组成，由图可知，支路两端的阻抗 Z 为（　　）。

A. $-\mathrm{j}\Omega$　　　　　B. $1-\mathrm{j}\Omega$　　　　　C. $1+\mathrm{j}\Omega$　　　　　D. 1Ω

(14) 一个交流 RC 串联电路，已知 $U_R=3$V，$U_C=4$V，则总电压等于（　　）V。

A. 3.5　　　　　　B. 1　　　　　　　　C. 5　　　　　　　　D. 7

(15) 电感的正弦交流电路中，电流有效值不变，当频率增大时，则电感端电压有效值将（　　）。

A. 不变　　　　　　B. 变大　　　　　　　C. 变小　　　　　　　D. 不确定

(16) 某元件关联参考方向下，电压为 $u=220\sqrt{2}\sin(\omega t+30°)$ V，$i=10\sqrt{2}\sin(\omega t-60°)$ A，则该元件为（　　）。

A. 电阻　　　　　　B. 电容　　　　　　　C. 电感　　　　　　　D. 不确定

(17) 在正弦交流电阻电路中，正确反映电流、电压二者之间关系的关系式为（　　）。

A. $i=U/R$　　　　B. $i=U_m/R$　　　　C. $I=U/R$　　　　D. $I=U_m/R$

(18) RLC 串联电路中，U_R、U_L、U_C 已知，则总电压 $U=$（　　）。

A. $U=\sqrt{U_R^2+(U_L-U_C)^2}$　　　　　　B. $U=\sqrt{U_R^2+U_L^2-U_C^2}$

C. $U=U_R+U_L+U_C$　　　　　　　　　　D. $U=U_R+U_L-U_C$

(19) RLC 串联电路中，$U_R=3$V，$U_L=4$V，$U_C=8$V，则总电压 $U=$（　　）V。

A. 15　　　　　　　B. 5　　　　　　　　C. 7　　　　　　　　D. 1

(20) 已知复导纳为 3+j4S，则电路呈（　　）。

A. 容性　　　　　　B. 感性　　　　　　　C. 阻性　　　　　　　D. 不确定

(21) RLC 并联电路，若电路 $X_L>|X_C|$，则电路呈（　　）。

A. 容性　　　　　　B. 感性　　　　　　　C. 阻性　　　　　　　D. 不确定

（22）单相正弦交流电路中有功功率的表达式是（　　）。

A. $UI\tan\phi$　　　　　B. UI　　　　　C. $UI\cos\phi$　　　　　D. $UI\sin\phi$

（23）在纯电容电路中，已知电压的最大值为 U_{m}，电流最大值为 I_{m}，则电路吸收的无功功率为（　　）。

A. $U_{\mathrm{m}}I_{\mathrm{m}}$　　　　　B. $U_{\mathrm{m}}I_{\mathrm{m}}/\sqrt{2}$　　　　　C. $-U_{\mathrm{m}}I_{\mathrm{m}}/2$

（24）判断：视在功率就是有功功率加上无功功率。（　　）

A. 正确　　　　　　　　　B. 错误

（25）人为提高功率因数的方法有（　　）。

A. 并联适当的电容器　　　　　　　B. 串联适当的电容器

C. 并联大电抗器　　　　　　　　　D. 串联大电容器

E. 串联适当的电感量

（26）（多选）提高功率因数的好处有（　　）。

A. 可充分发挥电源设备容量　　　　B. 可提高电动机的出力

C. 可减少线路功率损耗　　　　　　D. 可减少电动机的启动电流

E. 可提高电机功率

（27）判断：功率因数角是负载电路中电压 $\dot{U}$ 与电流 $\dot{I}$ 的相位差，它越大，功率因数越小。（　　）

A. 正确　　　　　　　　　B. 错误

（28）判断：并联电容器可以提高感性负载本身的功率因数。（　　）

A. 正确　　　　　　　　　B. 错误

（29）判断：纯电感负载功率因数为零，纯电容负载功率因数为 1。（　　）

A. 正确　　　　　　　　　B. 错误

（30）判断：电器设备功率越大，功率因数就越大。（　　）

A. 正确　　　　　　　　　B. 错误

（31）功率因数 $\cos\phi$ 是表示电气设备的容量发挥能力的一个系数，其大小为（　　）。

A. P/Q　　　　　B. P/S　　　　　C. P/X　　　　　D. X/Z

（32）发生 LC 串联谐振的条件是（　　）。

A. $\omega L=\omega C$　　　　B. $L=C$　　　　C. $\omega L=1/\omega C$　　　　D. $X_{\mathrm{L}}=2\pi fL$

（33）串联谐振是指电路呈纯（　　）性。

A. 电阻　　　　B. 电容　　　　C. 电感　　　　D. 电抗

（34）在 RLC 串联电路中，各元件的参数如下：$R=2\Omega$，$L=8\mathrm{H}$，$C=0.5\mathrm{F}$，则电路的谐振频率为（　　）。

A. $1/4\pi\mathrm{Hz}$　　　　B. $2/\pi\mathrm{Hz}$　　　　C. $1/2\pi\mathrm{Hz}$　　　　D. $3/\pi\mathrm{Hz}$

（35）（多选）RLC 串联的正弦交流电路中，当 $X_{\mathrm{L}}=X_{\mathrm{C}}$ 时，电路发生谐振，谐振特性有（　　）。

A. 电容上电压与电感上电压大小相等，方向相反

B. 电路中电流最大

C. 电路中阻抗最小

D. 电路中总无功功率为 0

（36）在电力网中，当电感元件与电容元件串联且感抗等于容抗时，就会发生（　　）谐振现象。

A. 电流　　　　　B. 电压　　　　　C. 铁磁　　　　　D. 磁场

（37）如图 5-49 所示，有一双电感并联回路，已知 $C=100\mu\mathrm{F}$，当 $u=30\sin100t$ 时，$u_R=0$，$u=50\sin200t$ 时，$u_R=50\sin200t$，则 L_1 和 L_2 为（　　）。

A. 0.75H　0.25H　　　　　　　B. 0.25H　0.75H

C. 0.5H　0.5H　　　　　　　　D. 0.3H　0.7H

（38）正弦交流电路如图 5-50 所示，已知电源电压为 220V，当频率 $f=50\mathrm{Hz}$ 时，电路发生谐振。现将电源的频率增加，电压有效值不变，这时灯泡的亮度（　　）。

A. 比原来亮　　　B. 比原来暗　　　C. 和原来一样亮

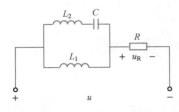

图 5-49　习题 37 图

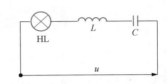

图 5-50　习题 38 图

第6章

含耦合电感电路的分析与计算

本章主要对耦合电感电路进行分析和计算。首先读者要掌握耦合电感产生的条件、作用和性质，对相关概念要有准确的理解，主要包括互感系数、耦合系数、同名端以及互感电压、电流方向判断等概念。其次重点需学习的内容是互感的等效去耦，包括串、并联去耦和T形去耦，在电感电路的分析和计算中，去耦之后再进行分析是比较理想的方法。在最后理想变压器的分析和计算中读者除需要掌握理想变压器变电压、变电流的特点外，理想变压器的理想化条件和变阻抗的性质也要掌握。

6.1 互感 A类考点

1. 定义

互感原理模型，如图 6-1 所示，线圈 1 中通入电流 i_1 时，在线圈 1 中产生磁通，同时有部分磁通穿过临近线圈 2，这部分磁通称为互感磁通，两线圈间有磁的耦合

$$\Psi_1 = L_1 i_1 \pm M i_2 \quad \Psi_2 = \pm M i_1 + L_2 i_2$$

对于两耦合电感，若两电流的流进（或流出）端是一对同名端，则自感磁链和互感磁链"相助"，否则，二者互相"削弱"。

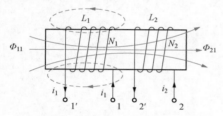

图 6-1 互感原理模型

2. 同名端

耦合电感的同名端，如图 6-2 所示。

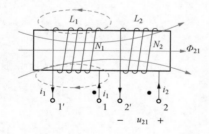

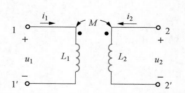

图 6-2 耦合电感的同名端

（1）当两个线圈中的电流同时由同名端流入（或流出）时，两个电流产生的磁场相互增强。

（2）当随时间增大的时变电流从一个线圈的一端流入时，将会引起另一个线圈相应同名端的电位升高。

3. 耦合系数

用耦合系数 k 表示两个线圈磁耦合的紧密程度。

$$k \overset{\text{def}}{=} \frac{M}{\sqrt{L_1 L_2}} \leqslant 1 \qquad (6-1)$$

耦合系数 k 与线圈的结构、相互几何位置及空间磁介质有关。

4. 由同名端及 u、i 参考方向确定互感线圈的特性方程

互感电压的方程和设定的参考方向以及同名端有关，如图 6-3 所示。

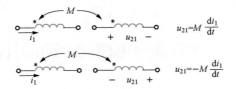

图 6-3　互感线圈的特性方程

5. 电压、电流关系

写出如图 6-4 所示互感线圈电路的特性方程。

电路如图 6-4（a）、（b）所示，自行写出电压、电流关系。

笔记

电路如图 6-4（c）、（d）所示，自行写出电压、电流关系。

笔记

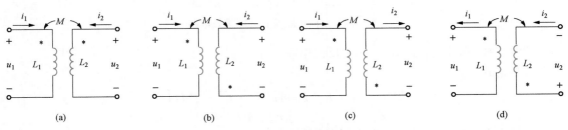

图 6-4　互感线圈电路

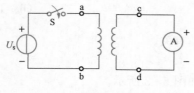

【例6-1】 判断耦合电感同名端的实验电路如图6-5所示。在开关S闭合的瞬间，若电流表指针正向偏转，则（　　）为同名端。

A. a 与 c 端

B. a 与 d 端

C. b 与 c 端

图6-5　［例6-1］图

6.2　含有耦合电感的电路的计算

6.2.1　耦合电感的串联　A类考点

1. 顺向串联

顺向串联及其去耦等效电路如图6-6所示。

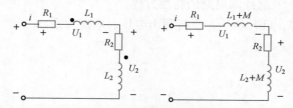

图6-6　顺向串联及其去耦等效电路

把两个线圈的异名端相连，称为顺向串联。

其相量式为：

$$\dot{U} = (R_1 + R_2)\dot{I} + j\omega(L_1 + L_2 + 2M)\dot{I}$$
$$Z = R_1 + R_2 + j\omega(L_1 + L_2 + 2M)$$

两耦合电感顺向串联时的等效电感为：

$$L = L_1 + L_2 + 2M \tag{6-2}$$

2. 反向串联

反向串联及其去耦等效电路如图6-7所示。

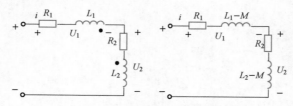

图6-7　反向串联及其去耦等效电路

把两个线圈的同名端相连，称为反向串联

其相量式为：

$$\dot{U} = (R_1 + R_2)\dot{I} + j\omega(L_1 + L_2 - 2M)\dot{I}$$
$$Z = R_1 + R_2 + j\omega(L_1 + L_2 - 2M)$$

两耦合电感反向串联时的等效电感为：

$$L = L_1 + L_2 - 2M \qquad (6-3)$$

3．互感的测量方法

顺接一次，反接一次，就可以测出互感：

$$M = \frac{L_{顺} - L_{反}}{4}$$

6.2.2　耦合电感线圈并联　A 类考点

1．同侧并联电路

同侧并联及其去耦等效电路如图 6-8 所示。

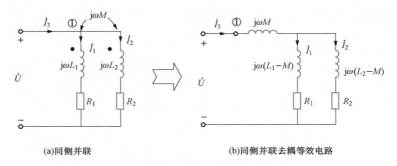

(a)同侧并联　　　　　　　　(b)同侧并联去耦等效电路

图 6-8　同侧并联及其去耦等效电路

2．异侧并联电路

异侧并联及其去耦等效电路如图 6-9 所示。

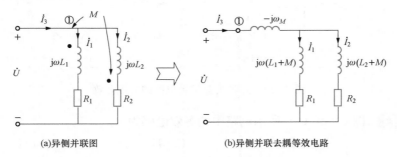

(a)异侧并联图　　　　　　　　(b)异侧并联去耦等效电路

图 6-9　异侧并联及其去耦等效电路

【例 6-2】　电路如图 6-10 所示，求电路等效电感。

解：将电路解耦可以获得等效电感表达式：

$$同侧并联公式：L_{eq} = \frac{(L_1 L_2 - M^2)}{L_1 + L_2 - 2M} \geqslant 0$$

$$异侧并联公式：L_{eq} = \frac{(L_1 L_2 - M^2)}{L_1 + L_2 + 2M} \geqslant 0$$

6.2.3　耦合电感的 T 形等效　A 类考点

1．同名端为共端的 T 形去耦等效

同名端为共端的 T 形及其去耦等效电路如图 6-11 所示。

电路原理

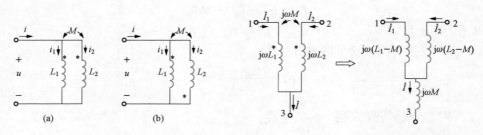

图 6-10　［例 6-2］图　　　　图 6-11　同名端为共端的 T 形及其去耦等效电路

2. 异名端为共端的 T 形去耦等效

异名端为共端的 T 形及其去耦等效电路如图 6-12 所示。

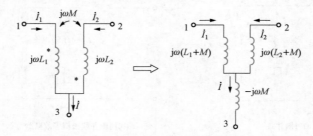

图 6-12　异名端为共端的 T 形及其去耦等效电路

注意：并联或者 T 形电路可以看成同一类型，以共端为依据解耦，如图 6-13 所示。

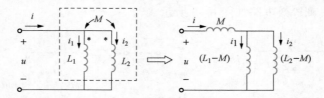

图 6-13　并联或者 T 形电路的去耦等效

【例 6-3】 图 6-14（a）所示电路中的等效电感为（　　）。

A. 3H　　　　　　　B. 4H　　　　　　　C. 5H　　　　　　　D. 6H

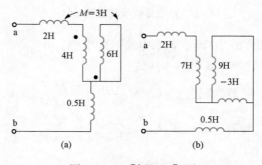

图 6-14　［例 6-3］图

解：去耦电路如图 6-14（b）所示。

6.3　理想变压器　A 类考点

1. 理想变压器的三个理想化条件

(1) 无损耗：线圈导线无电阻，做芯子的铁磁材料的磁导率无限大。

(2) 全耦合：$k=1 \Rightarrow M=\sqrt{L_1 L_2}$。

(3) 参数无限大：L_1、L_2、$M=\infty$，但 $\sqrt{\dfrac{L_1}{L_2}}=\dfrac{N_1}{N_2}=n$。

2. 理想变压器的主要性能

理想变压器的模型如图 6-15 所示。

(1) 变压作用：

$$u_1 = \frac{N_1}{N_2}u_2 = nu_2 \qquad (6-4)$$

(2) 变流作用：

$$i_1 = -\frac{N_2}{N_1}i_2 = -\frac{1}{n}i_2 \qquad (6-5)$$

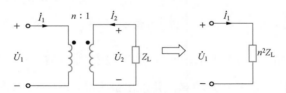

图 6-15　理想变压器的模型

(3) 阻抗变换作用：

$$Z_{\text{in}} = \frac{\dot{U}_1}{\dot{I}_1} = \frac{n\dot{U}_2}{-1/n\dot{I}_2} = n^2 Z_{\text{L}} \qquad (6-6)$$

变阻抗的原理如图 6-16 所示。

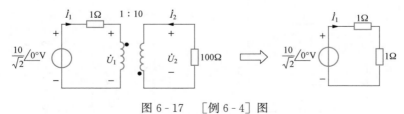

图 6-16　理想变压器的阻抗变换

(4) 功率性质。

①理想变压器既不储能，也不耗能，在电路中只起传递信号和能量的作用。

②理想变压器的特性方程为代数关系，因此它是无记忆的多端元件。

【例 6-4】　理想变压器如图 6-17 所示，匝数比为 $1:10$，若 $u_{\text{s}} = 10\cos(10t)$ V，$R_1 = 1\Omega$，$R_2 = 100\Omega$，求 u_2。

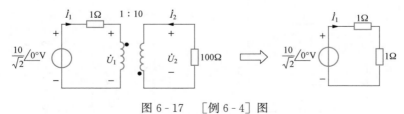

图 6-17　［例 6-4］图

解：根据阻抗变换作用，将二次侧阻抗等值到一次侧：

$$\dot{U}_1 = \frac{\frac{10}{\sqrt{2}}\angle 0°}{1+1} = \frac{5}{\sqrt{2}}\angle 0°(\text{V})$$

根据电压变换作用有：

$$\dot{U}_2 = -10\dot{U}_1 = 35.4\angle 180°(\text{V})$$
$$U_2 = 50\cos(10t+180°)(\text{V})$$

习题

（1）图 6-18 所示电路中的等效电感为（　　）。

A. 3H　　　　　　　B. 4H　　　　　　　C. 5H　　　　　　　D. 6H

（2）图 6-19 所示电路中，耦合电感元件的等效感抗为（　　）。

A. 0.5Ω　　　　　　B. 1.5Ω　　　　　　C. 2.5Ω　　　　　　D. 2Ω

（3）图 6-20 所示电路中，耦合电感元件的等效电感 L_{ab} 为（　　）。

A. 7H　　　　　　　B. 9H　　　　　　　C. 13H　　　　　　D. 11H

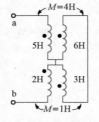
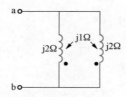
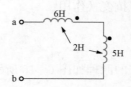

图 6-18　习题 1 图　　　　　图 6-19　习题 2 图　　　　　图 6-20　习题 3 图

（4）（计算）电路如图 6-21 所示，已知 $\omega L_2 = 120\Omega$，$\omega M = \frac{1}{\omega C} = 20\Omega$，$u_s(t) = 100\sqrt{2}\cos\omega t$，问 Z 为何值时其上获得最大功率，并求出最大功率。

A. 50−j50Ω　25W　　　　　　　　B. 50+j50Ω　25W

C. 10−j10Ω　10W　　　　　　　　D. 10+j10Ω　10W

（5）（计算）图 6-22 所示电路中，已知 $u_s(t) = 100\sqrt{2}\sin 1000t\text{V}$，$L_1 = L_2 = 50\text{mH}$，$M = 20\text{mH}$，副边开路，求电流 $i_2(t)$ 及电压 $u_2(t)$。

A. $40\sqrt{2}\sin(1000t)$　　　　　　　B. $40\sin(1000t)$

C. $10\sqrt{2}\sin(1000t)$　　　　　　　D. $10\sin(1000t)$

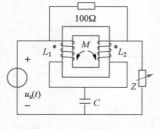
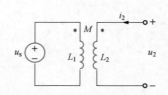

图 6-21　习题 4 图　　　　　　　图 6-22　习题 5 图

（6）变压器各绕组的电压比与它们的线圈匝数比（   ）。

A. 成正比　　　　　 B. 相等　　　　　 C. 成反比　　　　　 D. 无关

（7）变压器的功能是（   ）。

A. 生产电能　　　　　　　　　　　 B. 消耗电能

C. 既生产也消耗电能　　　　　　　 D. 传递功率

（8）当线圈中的电流（   ）时，线圈两端产生自感电动势。

A. 变化时　　　　　 B. 不变时　　　　　 C. 很大时　　　　　 D. 很小时

（9）图 6 - 23 所示电路中负载阻抗 $Z_L=$（   ）Ω 时能获得最大功率。

A. 20+j80　　　　　 B. 5+j20　　　　　 C. 20−j80　　　　　 D. 5−j20

（10）含理想变压器的电路如图 6 - 24 所示，要使负载电阻 $R_L=8Ω$ 获得最大功率，则 n 值应为（   ）。

A. $n=4$　　　　　 B. $n=1/2$　　　　　 C. $n=2$　　　　　 D. $n=3$

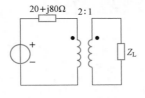　　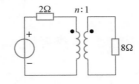

图 6 - 23　习题 9 图　　　　　 图 6 - 24　习题 10 图

第7章

三相电路的基本概念和计算

　　本章主要对三相交流电路进行分析和计算。首先读者要了解三相电路的特点，能准确掌握对称三相电路中，三相电源和三相负载 Y 形连接和△形连接时，线、相电压，线、相电流的关系，包括大小和相位。其次读者要能对三相对称电路进行计算，采用的方法主要是先将原有三相对称电路变成 Y - Y 形连接，然后只计算其中一相的线电流和相电压，再利用对称关系计算其他相的数值。最后读者要能对不对称的三相电路进行分析和简单计算，主要包括理解中性点位移和不对称三相电路中中线的作用。

7.1 三 相 电 路

7.1.1　对称三相电源　A 类考点

1. 瞬时值表达式

$$u_A(t) = \sqrt{2}U\cos\omega t \, \text{V}$$
$$u_B(t) = \sqrt{2}U\cos(\omega t - 120°) \, \text{V}$$
$$u_C(t) = \sqrt{2}U\cos(\omega t + 120°) \, \text{V}$$

2. 波形图

波形图如图 7 - 1 所示。

3. 相量表示

相量图如图 7 - 2 所示。

$$\dot{U}_A = U\angle 0° \, \text{V}$$
$$\dot{U}_B = U\angle -120° \, \text{V}$$
$$\dot{U}_C = U\angle 120° \, \text{V}$$

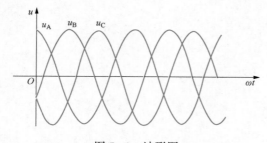

图 7 - 1　波形图

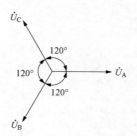

图 7 - 2　相量图

4. 对称三相电源的特点

$$u_A + u_B + u_C = 0$$
$$\dot{U}_A + \dot{U}_B + \dot{U}_C = 0$$

$$(7 - 1)$$

对称的含义：幅值等、频率同、相位互差 120°。

5. 对称三相电源的相序

三相电源各相经过同一值（如最大值）的先后顺序称为相序，有正序与负序两种。

正序（顺序）：A—B—C—A

负序（逆序）：A—C—B—A

7.1.2　三相电源的连接　B 类考点

1. 星形连接（Y 连接）

星形连接（Y 连接）如图 7-3 所示。

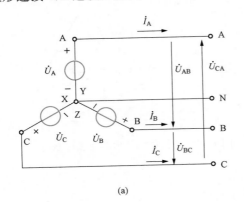
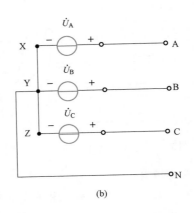

(a)　　　　　　　　　　　　　　　(b)

图 7-3　星形连接（Y 连接）

2. 三角形连接（△连接）

三角形连接（△连接）如图 7-4 所示。

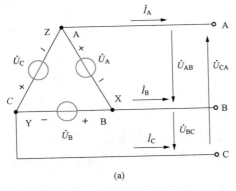
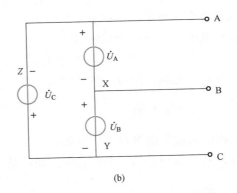

(a)　　　　　　　　　　　　　　　(b)

图 7-4　三角形连接（△连接）

三角形连接的对称三相电源没有中点。

以下是与三相电源有关的几个概念。

(1) 端线（火线）：始端 A、B、C 三端引出线。

(2) 中线：中性点 N 引出线，△接无中线。

(3) 三相三线制指电源和负载通过 3 根相线相连接，三相四线制指电源和负载通过 3 根

電路原理

相线和 1 根中线相连接。

（4）线电压：端线与端线之间的电压 $\dot{U}_{AB}$、$\dot{U}_{BC}$、$\dot{U}_{CA}$。

（5）相电压：每相电源的电压 $\dot{U}_A$、$\dot{U}_B$、$\dot{U}_C$。

7.1.3　三相负载及其连接　B类考点

三相电路的负载由三部分组成，其中每一部分称为一相负载，三相负载也有两种连接方式，如图 7-5 及图 7-6 所示。

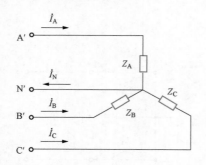

图 7-5　三相负载星形连接（Y 连接）　　图 7-6　三相负载三角形连接（△连接）

1. 星形连接

当 $Z_A = Z_B = Z_C$ 时，称三相对称负载 Y 接。

2. 三角形连接

当 $Z_{AB} = Z_{BC} = Z_{CA}$ 时，称三相对称负载△接。

以下是与三相负载有关的几个概念。

（1）负载线电压：负载端线与端线之间的电压。

（2）负载相电压：每相负载的电压。

（3）线电流：流过端线的电流。

（4）相电流：流过每相负载的电流。

（5）中线电流：流过中线的电流。

7.1.4　三相电路

三相电路就是由对称三相电源和三相负载连接起来所组成的系统。当电源和负载都对称时，称为对称三相电路。但在实际三相电路中，电源是对称的，三相负载不一定对称。

7.2　相电压（电流）与线电压（电流）的关系

7.2.1　相电压和线电压的关系　A类考点

1. Y 连接

星形连接有 3 个线电压和 3 个相电压，如图 7-7 所示，线电压和相电压的相量图如图 7-8 所示。

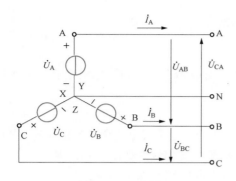

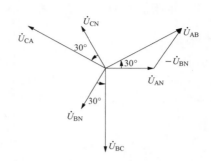

图7-7 Y电源   图7-8 相量图

Y连接的对称三相电源有如下公式成立:

$$\dot{U}_{AB} = \sqrt{3}\dot{U}_{AN}\angle 30°$$

$$\dot{U}_{BC} = \sqrt{3}\dot{U}_{BN}\angle 30° \tag{7-2}$$

$$\dot{U}_{CA} = \sqrt{3}\dot{U}_{CN}\angle 30°$$

(1) 相电压对称,则线电压也对称。

(2) 线电压等于相电压的$\sqrt{3}$倍,即 $U_L = \sqrt{3}U_p$。

(3) 线电压相位超前对应相电压30°。所谓的"对应"是指对应相电压用线电压的第一个下标字母标出(注意对应关系)。

2.△连接

三角形连接有3个线电压和3个相电压,如图7-9所示。

△连接的对称三相电源有如下公式成立:

$$\dot{U}_{AB} = \dot{U}_A = U\angle 0°$$

$$\dot{U}_{BC} = \dot{U}_B = U\angle -120° \tag{7-3}$$

$$\dot{U}_{CA} = \dot{U}_C = U\angle 120°$$

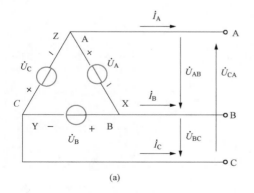

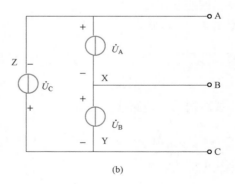

(a)   (b)

图7-9 △形电源

线电压等于对应的相电压。

以上关于线电压和相电压的关系也适用于对称星形负载和三角形负载。

101

7.2.2 相电流和线电流的关系（对称负载） A类考点

1.Y连接

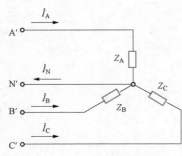

图7-10 对称星形负载

Y连接时，线电流等于对应的相电流，如图7-10所示。

2.△连接

负载三角形连接有3个线电流和3个相电流，如图7-11所示，线电流和相电流相量图如图7-12所示。

对△连接的对称电路有如下结论：

（1）线电流等于相电流的$\sqrt{3}$倍，即$I_l=\sqrt{3}I_p$。

（2）线电流相位滞后对应相电流30°。

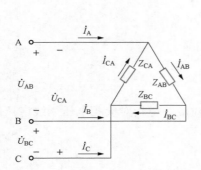

图7-11 对称三角形负载

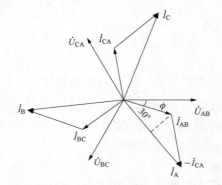

图7-12 表示相电流和线电流关系的相量图

7.3 对称三相电路的计算 A类考点

1.对称Y-Y电路（三相四线制）

三相四线制连接如图7-13所示。

据图7-13可知：

$$\left(\frac{1}{Z_N}+\frac{3}{Z+Z_l}\right)\dot{U}_{N'N}=\frac{1}{Z_l+Z}(\dot{U}_A+\dot{U}_B+\dot{U}_C)$$

$$\dot{U}_{N'N}=0$$

中线可视为一短路线，则有：

$$\dot{I}_A=\frac{\dot{U}_A}{Z_l+Z}\quad \dot{I}_B=\dot{I}_A\angle-12°\quad \dot{I}_C=\dot{I}_A\angle12°$$

中线电流为：

$$\dot{I}_N=\dot{I}_A+\dot{I}_B+\dot{I}_C=0$$

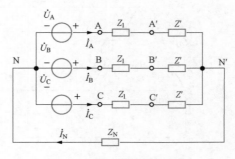

图7-13 对称Y-Y电路

综上结论如下。

（1）中线可开（路）（Y-Y电路的三相三线制）可短（路）。

（2）计算方法：只需计算一相（A相），其余两相可以推知（中线视为短路与Z_N无关）。

　2. 其他连接方式的对称三相电路

　一般方法：先将电路等效变换为 Y - Y 电路后，再利用 Y - Y 对称电路的计算方法进行计算。

　【例 7 - 1】 对称三相电路如图 7 - 14（a）所示，若 $Z_1=(1+j2)$ Ω，$Z=(5+j6)$ Ω，$u_{AB}=380\sqrt{2}\cos(\omega t+30°)$ V，试求负载中各电流相量。

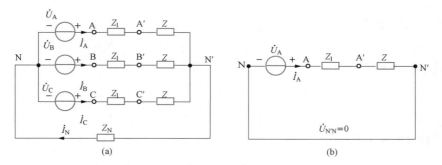

图 7 - 14　［例 7 - 1］电路

　解：对称电路取其中一相计算，如图 7 - 14（b）所示。

$$\dot{I}_A=\frac{\dot{U}_A}{Z+Z_1}=\frac{220\underline{/0°}}{6+j8}=22\underline{/-53.1°}\text{（A）}$$

　根据对称性可得：

$$\dot{I}_B=\dot{I}_A\angle-120°=22\angle-173.1°\qquad \dot{I}_C=\dot{I}_A\angle120°=22\angle66.9°$$

　【例 7 - 2】 对称三相电路如图 7 - 15（a）所示，若 $Z=(19.2+j14.4)$ Ω，$Z_L=(3+j4)$ Ω，$U_{AB}=380$V，求负载的线电压和线电流。

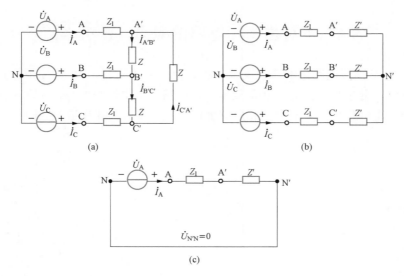

图 7 - 15　［例 7 - 2］电路

解：该电路可变换为对称的 Y—Y 电路，如图 7 - 15（b）所示，取其中一相如图 7 - 15（c）所示，可得：

$$Z' = \frac{Z}{3} = \frac{19.2 + j14.4}{3} = 6.4 + j4.8(\Omega)$$

令 $\dot{U}_A = 220\angle 0°$V，则有：

$$\dot{I}_A = \frac{\dot{U}_A}{Z_l + Z'} = 17.1\angle -43.2°(A)$$

根据对称性写出其他两相：

$$\dot{I}_B = \dot{I}_A\angle -120° = 17.1\angle -163.2°A \qquad \dot{I}_C = \dot{I}_A\angle 120° = 17.1\angle 76.8°A$$

再求负载的相电压：

$$\dot{U}_{A'N'} = Z'\dot{I}_A = 136.8\angle -6.3°V$$

$$\dot{U}_{A'B'} = \sqrt{3}\dot{U}_{A'N'}\angle 30° = 236.9\angle 23.7°V$$

根据对称性写出其他两相：

$$\dot{U}_{B'C'} = \dot{U}_{A'B'}\angle -120° = 236.9\angle -96.3°V$$

$$\dot{U}_{C'A'} = \dot{U}_{A'B'}\angle 120° = 236.9\angle 143.7°V$$

3. 对称三相电路的一般计算方法

（1）将所有三相电源、负载都化为等值 Y - Y 接电路。

（2）连接负载和电源中点，中线上若有阻抗可不计。

（3）画出单相计算电路，求出一相的电压、电流：一相电路中的电压为 Y 接时的相电压，一相电路中的电流为线电流。

（4）根据Δ接、Y 接时线量、相量之间的关系，求出原电路的电流电压。

（5）由对称性，得出其他两相的电压、电流。

7.4 不对称三相电路的概念 A 类考点

实际上，Y - Y 连接电路中的三相电源对称，但负载不对称。N′ 和 N 中性点不重合，这一现象称为中性点的位移。由此，在负载不对称的情况下中性线的存在是非常重要的，它能起到保证安全供电的作用。不对称三相电路如图 7 - 16 所示，其相量图如图 7 - 17 所示。

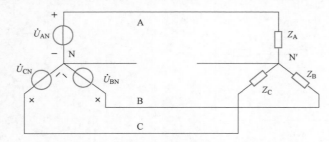

图 7 - 16 不对称三相电路

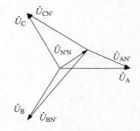

图 7 - 17 不对称三相电路的相量图

三相负载 Z_A、Z_B、Z_C 不完全相同，则：

$$\dot{U}_{N'N} = \frac{\dot{U}_A Y_A + \dot{U}_B Y_B + \dot{U}_C Y_C}{Y_A + Y_B + Y_C} \neq 0$$

各相负载电压为：

$$\dot{U}_{AN'} = \dot{U}_{AN} - \dot{U}_{N'N}$$

$$\dot{U}_{BN'} = \dot{U}_{BN} - \dot{U}_{N'N}$$

$$\dot{U}_{CN'} = \dot{U}_{CN} - \dot{U}_{N'N}$$

中性点位移是指负载中点与电源中点不重合的现象。

在电源对称的情况下，可以根据中点位移的情况来判断负载端不对称的程度。当中点位移较大时，会造成负载相电压严重不对称，进而造成负载的工作状态不正常。

综上，结论如下。

（1）中线的作用：确保星形连接的不对称三相负载的相电压保持对称。

（2）为保证中线的可靠连接，中线上不加装保险，也不加装开关设备。

【例 7 - 3】　图 7 - 18 所示电路为一相序指示器，若 $1/\omega C = R$，在电源相电压对称时，试说明如何根据两个灯泡的亮度确定电源的相序。

解：首先确定中性点电位偏移（结点电压法）。

$$\dot{U}_{N'N} = \frac{j\omega C \dot{U}_A + G(\dot{U}_B + \dot{U}_C)}{j\omega C + 2G}$$

取 $\dot{U}_A = U\angle 0°V$，代入上式得：

$$\dot{U}_{NN'} = 0.63U\angle 108.4°V$$

则 B 相灯泡的端电压为：

$$\dot{U}_{BN'} = \dot{U}_{BN} - \dot{U}_{N'N} = 1.5U\angle 101.5° \quad U_{BN'} = 1.5U$$

C 相灯泡的端电压为：

$$\dot{U}_{CN'} = \dot{U}_{CN} - \dot{U}_{N'N} = 0.4U\angle -133.4° \quad U_{CN'} = 0.4U$$

根据上述结果可判断：若电容所在相设为 A 相，则灯泡较亮的一相为 B 相，较暗的一相为 C 相。

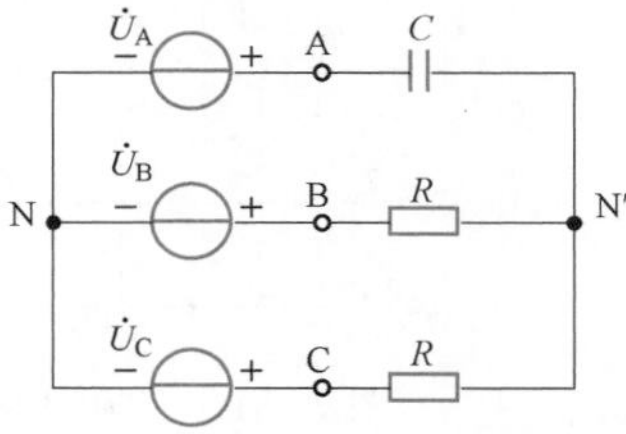

图 7 - 18　不对称三相电路的相量图

7.5　三相电路的功率

7.5.1　对称三相电路功率的计算　A 类考点

1. 平均功率

$$P = 3U_P I_P \cos\varphi = \sqrt{3}UI_1\cos\varphi \tag{7 - 4}$$

（1）φ 为相电压与相电流的相位差（阻抗角），不要误以为是线电压与线电流的相位差。

（2）$\cos\varphi$ 为每相的功率因数，在对称三相制中有 $\cos\varphi_A = \cos\varphi_B = \cos\varphi_C = \cos\varphi$。

（3）式（7 - 4）用来计算电源发出的功率（或负载吸收的功率）。

2. 无功功率

$$Q = 3U_p I_p \sin\varphi = \sqrt{3}U_l I_l \sin\varphi \tag{7-5}$$
$$(Q = Q_A + Q_B + Q_C = 3Q_P)$$

3. 视在功率

$$S = \sqrt{P^2 + Q^2} = 3U_p I_p = \sqrt{3}U_l I_l \tag{7-6}$$

（1）功率因数也可定义为 $\cos\varphi = P/S$，这里的，P、Q、S 都是指三相总和，不对称时 φ 无意义。

（2）对称三相负载的瞬时功率为 $p = p_A + p_B + p_C = 3U_P I_P \cos\varphi$（三相瞬时功率之和不变，等于三相有功功率）。

7.5.2　三相功率的测量　A 类考点

（1）三瓦计法，如图 7-19 所示，其适用于三相四线制电路。

$$P = P_A + P_B + P_C$$

若负载对称，则只需一块表即可（总有功功率为读数乘以 3）。

（2）二瓦计法，如图 7-20 所示，其适用于三相三线制电路。

$$P = P_1 + P_2$$

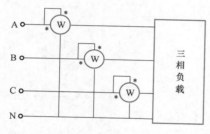

图 7-19　三瓦计法测量电功率

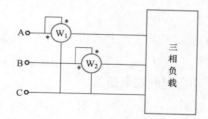

图 7-20　二瓦计法测量电功率

对二瓦计法应注意以下几点。

（1）只有在三相三线制条件下，才能用二瓦计法，且不论负载对称与否（两表法的使用条件是三相电流之和等于 0，对于三相四线制，如果负载对称，则条件满足，理论上也可以用两表法）。

（2）两块表读数的代数和为三相总功率，每块表单独的读数无意义。

（3）按正确极性接线时，二表中可能有一个表的读数为负，此时功率表指针反转，将其电流线圈极性反接后，指针指向正数，但此时读数应记为负值。

【例 7-4】 无论三相电路是 Y 连接还是 △ 连接，当三相电路负载对称时，其总功率都为（　　）。

A. $P = 3U_L I_L \cos\varphi$　　　　　　B. $P = \sqrt{3}U_L I_L \cos\varphi$　　　　　　C. $P = \sqrt{2}U_L I_L \cos\varphi$

【例 7-5】 无论三相电路是 Y 连接还是 △ 连接，也无论三相电路负载是否对称，其总功率都为（　　）。

A. $P = 3U_L I_L \cos\varphi$　　　　　　B. $P = P_A + P_B + P_C$　　　　　　C. $P = \sqrt{3}U_L I_L \cos\varphi$

【例 7-6】 在图 7-21 所示的对称三相电路中，若对称三相负载吸收的功率为

2.5kW，功率因数 $\cos\varphi = 0.866$（感性），线电压 $U = 380V$，求功率表读数 P_1 和 P_2。

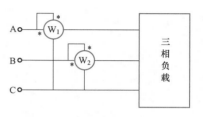

解：由 $P = \sqrt{3}U_1I_1\cos\varphi$，可知：

$$I_1 = \frac{P}{\sqrt{3}U_1\cos\varphi} = 4.386A$$

$$\varphi = \arccos\lambda = 30°$$

设　　　　　$$\dot{U}_A = 220\angle 0°V$$

图 7 - 21　［例 7 - 6］图

所以：

$$\dot{I}_A = 4.386\angle -30°A, \dot{U}_{AC} = 380\angle -30°(V)$$

$$\dot{I}_B = 4.386\angle -150°A, \dot{U}_{BC} = 380\angle -90°(V)$$

$$P_1 = \text{Re}[\dot{U}_{AC}\dot{I}_A^*] = \text{Re}[380 \times 4.386\angle 0°] = 1666.68(W)$$

$$P_2 = \text{Re}[\dot{U}_{BC}\dot{I}_B^*] = \text{Re}[380 \times 4.386\angle 60°] = 833.34(W)$$

【例 7 - 7】　线电压 U_1 为 380V 的三相电源上，接有两组对称阻抗 $Z_\Delta = 36.3\angle 37°\Omega$；另一组是星形连接的电阻性负载，每相电阻 $R_Y = 10\Omega$，如图 7 - 22 所示，试求电路线电流及三相有功功率。

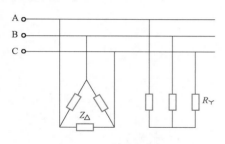

图 7 - 22　［例 7 - 7］图

解：方法一：Y—Δ 变换。

设 $\dot{U}_{AB} = 380\angle 0°V$，则 $\dot{U}_A = 220\angle -30°$（V）。

将三角形转化成星形：

$$Z_Y = Z_\Delta/3 = 12.1\angle 37°\Omega$$

$$\dot{I}_{AY} = \frac{\dot{U}_A}{R_Y} = 22\angle -30°A$$

$$\dot{I}_{A\Delta} = \frac{220\angle -30°}{Z_Y} = 18.13\angle -67°(A)$$

$$\dot{I}_A = \dot{I}_{AY} + \dot{I}_{A\Delta} = 22\angle -30° + 18.13\angle -67° = 38\angle -46.7°(A)$$

$$P = P_Y + P_\Delta = \sqrt{3}U_LI_L\cos\varphi_\Delta + \sqrt{3}U_LI_L\cos\varphi_Y$$

$$= \sqrt{3} \times 380 \times 18.13 \times 0.8 + \sqrt{3} \times 380 \times 22$$

$$= 9546 + 14480 \approx 2.4(kW)$$

方法二：设 $\dot{U}_{AB} = 380\angle 0°V$，则 $\dot{U}_A = 220\angle -30°V$。

负载三角形连接时，其相电流为：

$$\dot{I}_{AB\Delta} = \frac{\dot{U}_{AB}}{Z_\Delta} = \frac{380\angle 0°}{36.3\angle 37°} = 10.47\angle -37°(A)$$

其线电流为：

$$\dot{I}_{A\Delta} = 10.47\sqrt{3}\angle -37° -30° = 18.13\angle -67°(A)$$

负载星形连接时，其线电流为：

$$\dot{I}_{AY} = \frac{\dot{U}_A}{R_Y} = 22\angle -30°(A)$$

电路的线电流为：

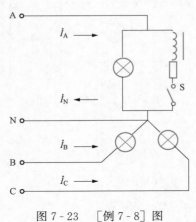

$$\dot{I}_A = \dot{I}_{AY} + \dot{I}_{A\triangle} = 22\angle -30° + 18.13\angle -67° = 38\angle -46.7°(A)$$

方法三：无须用相量，先求功率：

$$P = P_Y + P_\triangle = 24kW$$

$$Q = \sqrt{3}U_L I_L \sin\varphi_\triangle \approx 7kW$$

根据 $S = \sqrt{P^2 + Q^2} = \sqrt{3}UI$，可求得 I。

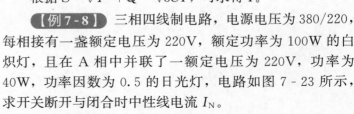

【例 7-8】 三相四线制电路，电源电压为 380/220，每相接有一盏额定电压为 220V，额定功率为 100W 的白炽灯，且在 A 相中并联了一额定电压为 220V，功率为 40W，功率因数为 0.5 的日光灯，电路如图 7-23 所示，求开关断开与闭合时中性线电流 I_N。

解：S 断开时，三相负载对称，$I_N = 0$

S 闭合时，中性线电流等于日光灯电流，即：

$$I_N = \frac{P}{U\cos\varphi} = \frac{40}{220 \times 0.5} = 0.36(A)$$

图 7-23　[例 7-8] 图

习题

(1) 三相负载对称是（　　）。

A. 各相阻抗模相等

B. 各相阻抗角相等

C. 各相阻抗模相等、阻抗角相差 120°

D. 各相阻抗模及阻抗角相等

(2) 对称三相电势在任一瞬间的（　　）等于零。

A. 频率　　　　　B. 波形　　　　　C. 角度　　　　　D. 代数和

(3) 三相电动势的相序为 A－B－C 称为（　　）。

A. 负序　　　　　B. 正序　　　　　C. 零序　　　　　D. 反序

(4) 对称三相电路中，已知 Y 接法对称三相负载的相电压 $\dot{U}_A$，则线电压 $\dot{U}_{AB} =$（　　），已知 △ 接法对称三相负载的相电流 $\dot{I}_{AB}$，则线电流 $\dot{I}_A =$（　　）。

A. $\sqrt{3}\dot{U}_A\angle 30°V$，$\sqrt{3}\dot{I}_{AB}\angle 30°A$

B. $\sqrt{3}\dot{U}_A\angle 30°V$，$\sqrt{3}\dot{I}_{AB}\angle -30°A$

C. $\sqrt{3}/3\dot{U}_A\angle 30°V$，$\sqrt{3}\dot{I}_{AB}\angle 30°A$

D. $\sqrt{3}/3\dot{U}_A\angle -30°V$，$\sqrt{3}\dot{I}_{AB}\angle -30°A$

(5) 三相对称电源 Y 连接，已知 $\dot{U}_B = 220\angle -10°V$，其 $\dot{U}_{AB} =$（　　）V。

A. $220\angle 20°$　　B. $220\angle 140°$　　C. $380\angle 140°$　　D. $380\angle 20°$

(6) 对称三相电压源做三角形连接，相电压为 220V，若一相接反了，如图 7-24 所示，则开口电压 $\dot{U}$ 为（　　）。

A. 220V　　　　B. 380V　　　　C. 0V　　　　D. 440V

(7) 在三相对称交流电路中，当负载 Y 连接时，线电压是相电压的（　　）倍。

A. 1   B. $\sqrt{3}$

C. $\sqrt{2}$ D. $2\sqrt{3}$

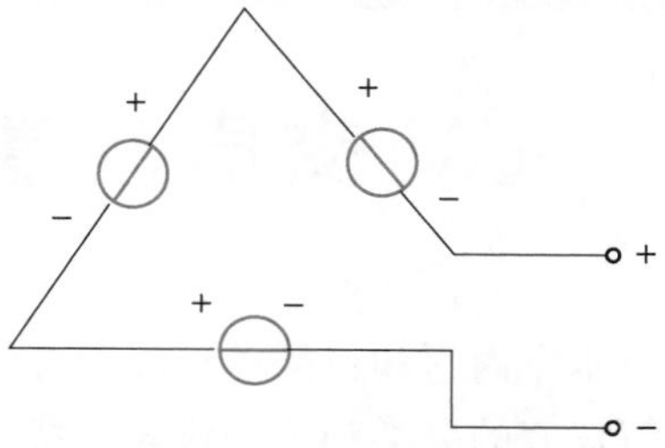

图 7-24 习题 6 图

（8）在三相四线制中，当三相负载不平衡时，三相电压相等，中性线电流（　　）。

A. 等于零   B. 不等于零

C. 增大   D. 减小

（9）判断：在三相四线制低压供电网中，三相负载越接近对称，其中性线电流就越小。（　　）

A. 正确   B. 错误

（10）对称三相三线制的线电压为 380V，Y 形对称负载每相阻抗 $Z = 10\angle 10°$，那么相电流有效值为（　　）。

A. 22A   B. 38A   C. $22\sqrt{2}$A   D. $22\sqrt{3}$A

（11）对称三相电路中将负载接成△形和 Y 形时，线电流关系为（　　）。

A. $I_\triangle = I_Y$ B. $I_\triangle = 3I_Y$

C. $3I_\triangle = I_Y$ D. $I_\triangle = 1.73I_Y$

（12）对称三相电路 Y—Y0 连接（中线阻抗为 0），各相负载电流均为 10A，此时 B 相负载开路，则中线中的电流为（　　）A。

A. 0   B. 10   C. 17.32   D. 20

（13）已知三相对称电源，线电压为 380V，△连接的对称负载 $Z = (6 + j8)$ Ω，则线电流为（　　）A。

A. 66   B. 38   C. 22   D. 10

（14）三相三线制电路测量功率，一定可以用的方法为（　　）。

A. 一瓦计法   B. 二瓦计法

C. 三瓦计法   D. 四瓦计法

（15）三相 Y—Y 连接对称电路中，已知负载上的电压为 220V，流过的电流为 5A，每相负载功率因数为 0.6，则电路总有功功率为（　　）W。

A. 3420   B. 3300   C. 1980   D. 1140

（16）将 3 个感抗为 10Ω 的电感做三角形连接，接到线电压 380V 的对称三相电源上，则三相负载的无功功率为（　　）千乏。

A. 43.3   B. 25.0   C. 14.4   D. 0

第8章

交直流基本电参数的测量方法

本章内容相对简单，读者首先要掌握仪表的测量误差、准确度等级等相关概念。其次要了解仪表的分类和不同仪表的特点。最后读者要掌握电压表、电流表、电桥、欧姆表、兆欧表及钳形电流表的工作原理和使用方法。

8.1 测量误差的表示方法

8.1.1 绝对误差 B类考点

绝对误差是指仪表所测得的被测量的示值与其真值之差。设仪表所测得的被测量的示值用 X 表示，被测量的真值用 A_0 表示，绝对误差用 ΔX 表示，则绝对误差 ΔX 可表示为：

$$\Delta X = X - A_0 \tag{8-1}$$

例如，若测量 100V 电压时的绝对误差为 2V，测量 10V 电压时的绝对误差为 1V。前者的绝对误差虽然较大，但只占真值的 2%，而后者的绝对误差虽然较小，但却占真值的 10%。

8.1.2 相对误差 B类考点

1. 实际相对误差

实际相对误差是指绝对误差 ΔX 与被测量的实际值 A 之比，用 γ_A 表示，即：

$$\gamma_A = \frac{\Delta X}{A} \times 100\% \tag{8-2}$$

2. 引用相对误差（引用误差）

引用相对误差是指绝对误差 ΔX 与仪表的最大量程 X_m 之比，用 γ_n 表示，即：

$$\gamma_n = \frac{\Delta X}{X_m} \times 100\% \tag{8-3}$$

将绝对误差 ΔX 用最大绝对误差 $(\Delta X)_m$ 代替，便得到最大引用相对误差（又称满度相对误差），用 γ_{nm} 表示，即：

$$\gamma_{nm} = \frac{(\Delta X)_m}{X_m} \times 100\% \tag{8-4}$$

【例8-1】 已知某交流电流为 20A，用甲、乙两块表测量时的读数分别是 18.3 和 20.7，试求两只表的实际相对误差。若甲表量程为 50V，乙表量程为 25V，试求两只表的引用相对误差。

解：甲表绝对误差为：

$$\Delta X = X - A_0 = 18.3 - 20 = -1.7(A)$$

甲表实际相对误差为：

$$\gamma_{\mathrm{A}} = \frac{\Delta X}{A} \times 100\% = \frac{-1.7}{20} \times 100\% = -8.5\%$$

甲表引用相对误差为：

$$\gamma_{\mathrm{n}} = \frac{\Delta X}{X_{\mathrm{m}}} \times 100\% = \frac{-1.7}{50} \times 100\% = -3.4\%$$

乙表绝对误差为：

$$\Delta X = X - A_0 = 20.7 - 20 = 0.7(\mathrm{A})$$

乙表实际相对误差为：

$$\gamma_{\mathrm{A}} = \frac{\Delta X}{A} \times 100\% = \frac{0.7}{20} \times 100\% = 3.5\%$$

乙表引用相对误差为：

$$\gamma_{\mathrm{n}} = \frac{\Delta X}{X_{\mathrm{m}}} \times 100\% = \frac{0.7}{25} \times 100\% = 2.8\%$$

仪表的准确度就是根据仪表的最大引用相对误差进行分级的。目前，我国直读式电工测量仪表分为 0.1、0.2、0.5、1.0、1.5、2.5 和 5.0 共七个等级，这些数字是指最大引用相对误差的百分数，数字越小，准确度越高。

【例 8 - 2】 有一准确度为 2.5 级的电压表，其最大量程为 100V，试分别计算测量 80V 和 40V 电压时的实际相对误差。

解：由准确度和最大量程可以计算出仪表可能产生的最大绝对误差为：

$$(\Delta U)_{\mathrm{m}} = U_{\mathrm{m}} \times \gamma_{\mathrm{nm}} = 100 \times (\pm 2.5\%) = \pm 2.5(\mathrm{V})$$

则测量 80V 时的实际相对误差为：

$$\gamma_1 = \frac{(\Delta U)_{\mathrm{m}}}{U_1} = \frac{\pm 2.5}{80} \times 100\% = \pm 3.125\%$$

测量 40V 时的实际相对误差为：

$$\gamma_2 = \frac{(\Delta U)_{\mathrm{m}}}{U_2} = \frac{\pm 2.5}{40} \times 100\% = \pm 6.25\%$$

所以，被测量真值与量程相比越小，实际相对误差越大，所测结果越不准确。

注意：为使测量结果较为准确，被测量真值应尽量接近于满量程。通常应使被测量真值超过满量程的一半以上。

8.2　仪表分类　A 类考点

1. 仪表分类

仪表分类如表 8 - 1 所示。

表 8 - 1　　　　　　　　　　　　仪　表　分　类

按照工作原理分类			
型式	测量值	被测量的种类	电流的种类与频率
磁电式	平均值	电流、电压、电阻	直流
电磁式	有效值	电流、电压	直流和工频交流
电动式	有效值	电流、电压、电功率、功率因数、电能	直流、工频及较高频率的交流

2. 不同类型表的特点

（1）磁电式。准确度高、灵敏度高、只能测直流、功耗小、过载能力差、刻度均匀。

（2）电磁式。准确度低、交直流两用、测量直流时有磁滞误差、功耗大、过载能力大、刻度不均匀、易受外磁场影响（抗干扰能力弱）、受频率影响大（主要用于工频）。

（3）电动式。准确度高、交直流两用、易受外磁场影响、电压及电流表刻度不均匀、功率表刻度均匀。

8.3　电流、电压、电阻的测量　B 类考点

1. 电流的测量

测量直流电流通常用磁电式电流表，测量交流电流通常用电磁式电流表。

电流表应串联在电路中，电流表的内阻要很小，如图 8-1 所示。

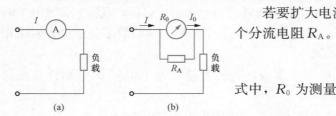

图 8-1　电流的测量

若要扩大电流表的量程，可在测量机构上并联一个分流电阻 R_A。

$$I_0 = \frac{R_A}{R_0 + R_A} I$$

式中，R_0 为测量机构的电阻；R_A 为分流器的电阻。

$$R_A = \frac{R_0}{\frac{I}{I_0} - 1} \tag{8-5}$$

【例 8-3】 有一磁电式电流表，当无分流器时，表头的满标值电流为 5mA，表头电阻为 20Ω，今想使其量程（满标值）为 1A，问分流器的电阻应为多大？

解：
$$R_A = \frac{R_0}{\frac{I}{I_0} - 1} = \frac{20}{\frac{1}{0.005} - 1} = 0.1005Ω$$

2. 电压的测量

测量直流电压通常用磁电式电压表，测量交流电压通常用电磁式电压表。电压表应并联在被测电路两端，表的内阻要很高，如图 8-2 所示。

若要扩大电压表的量程，可在测量机构上串联一个倍压电阻 R_V。

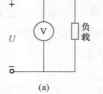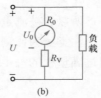

图 8-2　电压的测量

$$\frac{U}{U_0} = \frac{R_0 + R_V}{R_0}$$

式中，R_0 为测量机构的电阻；R_V 为倍压器的电阻。

$$R_V = R_0 \left(\frac{U}{U_0} - 1 \right) \tag{8-6}$$

【例 8-4】 有一电压表，其量程为 50V，内阻为 2000Ω，今想使其量程扩大到 300V，问倍压器的电阻为多大？

解：
$$R_V = R_0 \left(\frac{U}{U_0} - 1 \right) = 2000 \times \left(\frac{300}{50} - 1 \right) = 10kΩ$$

3. 电阻的测量

（1）伏安法。

伏安法测电阻如图 8-3 所示。

（2）电桥法。

单臂电桥如图 8-4 所示，适合测量 $10\sim10^6\Omega$ 范围内的中值电阻。

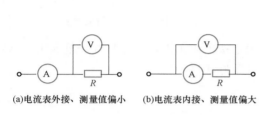

(a)电流表外接、测量值偏小　(b)电流表内接、测量值偏大

图 8-3　伏安法测电阻

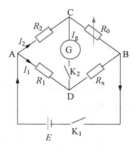

图 8-4　电桥法测电阻

由图 8-4 可知：

$$R_x = \frac{R_1}{R_2}R_0$$

测小电阻可用双臂电桥，双臂电桥可以测量 $10^{-6}\sim10\Omega$ 范围内的低值电阻。高值电阻用兆欧表测量。

8.4　常用仪表的使用

8.4.1　万用表　B 类考点

1. 电流的测量

直流电流的测量如图 8-5 所示。

$R_{A1}\sim R_{A5}$ 是分流器电阻，改变转换开关的位置，就改变了分流器的电阻，从而改变了电流的量程。量程越大，分流器电阻越小。

2. 电压的测量

$R_{V1}\sim R_{V3}$ 构成倍压器电阻，改变转换开关的位置，就改变了倍压器的电阻，从而改变了电压的量程。量程越大，倍压器电阻越大，如图 8-6 所示。

3. 电阻的测量

电阻的测量如图 8-7 所示。

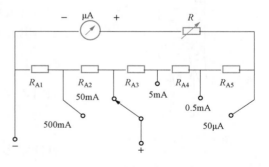

图 8-5　直流电流的测量

测量电阻时，需接入电池，被测电阻越小，电流越大，则指针偏转的角度也越大。测量电阻时刻度不均匀。绝对不能在带电线路上测量电阻。测量完毕应将万用表转换开关转到高电压挡。

113

電路原理

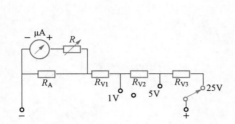
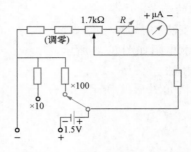

图 8-6　直流电压的测量　　　　图 8-7　电阻的测量

注意：测量电阻时，数字式万用表红表笔接电源正极，电流从红表笔流出；指针式万用表黑表笔接电源正极，电流从黑表笔流出（正好相反）。

8.4.2　兆欧表　B类考点

兆欧表又称高阻计或绝缘电阻测定仪，一般用来测量电路、电机绕组、电缆和电气设备等的绝缘情况和测量高阻值电阻。

1. 兆欧表规格的选择

为保证正常工作，每种电气设备均有一个额定电压，因此使用兆欧表时应根据被测电气设备的额定电压来选择兆欧表的规格。兆欧表常用规格有 250V、500V、1000V、2500V 和 5000V 等几种。一般额定电压在 500V 以下的设备宜选用 500V 或 1000V 的兆欧表；额定电压在 500V 以上的设备宜选用 1000V 或 2500V 的兆欧表；而瓷瓶、母线、刀闸等应选 2500V 或 5000V 的兆欧表。

2. 使用方法及注意事项

（1）严禁在设备带电的情况下测量绝缘电阻。测量具有电容的高压设备时，应先进行放电（2～3min）。

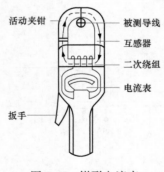

图 8-8　钳形电流表

（2）要均匀摇动手柄，一般规定摇动手柄的速度为 120r/min，允许有 ±20% 的变化。

（3）若被测电路中有电容，则应先持续摇动一段时间，让兆欧表对电容充电，待指针稳定后再读数。

8.4.3　钳形电流表　B类考点

如图 8-8 所示，根据变压器电流变换公式，得

$$I_1 = \frac{N_2}{N_1}I_2 = K_i I_2$$

可知钳形电流表可以不用断开线路测量交流电流的有效值。

习题

（1）功率表通常为（　　）。

A. 磁电式　　　　B. 电磁式　　　　C. 电动式　　　　D. 整流式

（2）磁电式仪表测量的量为（　　）。

A. 平均值　　　　　　　B. 有效值　　　　　　　C. 幅值

（3）三相四线制电路每相电流为 10A，用钳形电流表测量，若分别钳入一相、两相、三相，则读数分别为（　　）A。

A. 102 030　　　　　　B. 101 010　　　　　　C. 10 100　　　　　　D. 10 200

（4）兆欧表的额定转速通常为（　　）转每分。

A. 100　　　　　　　　B. 120　　　　　　　　C. 140　　　　　　　　D. 160

（5）兆欧表通常用于检查和测量电气设备或供电线路的（　　）电阻。

A. 低值　　　　　　　　B. 中值　　　　　　　　C. 接地　　　　　　　　D. 绝缘

（6）现有一只功率表，其电压量程为 200V，电流量程为 5A，标度尺满刻度为 100 格，用它测量功率时指针偏转 80 格，则该功率为（　　）。

A. 600W　　　　　　　B. 800W　　　　　　　C. 400W　　　　　　　D. 1000W

（7）万用表使用完毕应置于（　　）。

A. 随机位置　　　　　　　　　　　　B. 最高交流电压挡上

C. 最高直流电压挡上　　　　　　　　D. 最高交流电流挡上

（8）测量瓷瓶的绝缘电阻，应选用（　　）V 的兆欧表。

A. 500　　　　　　　　B. 1000　　　　　　　C. 500～1000　　　　D. 2500～5000

（9）一只量程为 20μA 的电流表，内阻为 200Ω，想扩展其量程至 5mA，则需要（　　）的电阻。

A. 串联一只 0.06Ω　　　　　　　　B. 并联一只 0.06Ω

C. 串联一只 0.83Ω　　　　　　　　D. 并联一只 0.83Ω

（10）万用表测量未知电路的电压和电流时，应先从（　　）试起。

A. 最高挡　　　　　　B. 最低挡　　　　　　C. 中间挡　　　　　　D. 任意挡

（11）一只量程为 50V 的电压表内阻为 2kΩ，想扩展其量程至 500V，则需要（　　）的电阻。

A. 串联一只 18kΩ　　　　　　　　B. 并联一只 18kΩ

C. 串联一只 20kΩ　　　　　　　　D. 并联一只 20kΩ

（12）关于钳形电流表，说法错误的是（　　）。

A. 只能用于测量交流电流　　　　　　B. 不必断开导线即可测电流

C. 应将火线与零线同时夹入测量

第9章

非正弦周期电流电路的分析

本章介绍了傅里叶级数分解的方法和特点，读者只需要了解主要内容即可。傅里叶级数分解后的电压、电流可能包含直流分量和成倍频关系的交流分量，当作用在电路上时，交直流、不同频率交流分别作用，互不影响，所以求解时可让各分量分别作用，产生的瞬时值可以进行叠加，但是有效值和功率要按照规则计算。当交直流、不同频率交流作用在电路中时，需要特别注意电感和电容在不同的激励下模型不同，避免计算出现错误。

9.1　傅里叶变换　C 类考点

1. 傅里叶级数的分解

对于非正弦的周期信号通常可以通过傅里叶级数变换进行分解，分解后的信号包括直流分量、基波分量和高次谐波分量，展开后的方程为：

$$f(t) = \frac{A_0}{2} + \sum_{k=1}^{\infty} A_{km}\cos(k\omega_1 t + \psi_k)$$

$$A_0 = a_0 = \frac{2}{T}\int_0^T f(t)\mathrm{d}t$$

其中：

$$a_k = \frac{1}{\pi}\int_0^{2\pi} f(t)\cos k\omega_1 t\,\mathrm{d}(\omega_1 t)$$

$$b_k = \frac{1}{\pi}\int_0^{2\pi} f(t)\sin k\omega_1 t\,\mathrm{d}(\omega_1 t)$$

图 9-1 所示为矩形波的分解合成过程，其中图 9-1（a）为周期的矩形波，图 9-1（b）、（c）、（d）为其分解后的直流、基波分量、三次谐波，图 9-1（e）为它们的合成分量。

由图 9-1 可见，直流分量、基波分量、三次谐波分量的合成已经比较接近矩形波，再叠加上所有的高次谐波就是矩形波。

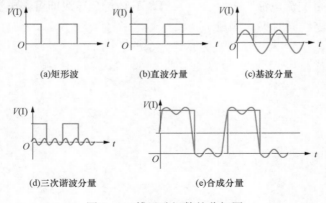

(a)矩形波　　　　(b)直波分量　　　　(c)基波分量

(d)三次谐波分量　　　　(e)合成分量

图 9-1　傅里叶级数的分解图

由矩形波的分解合成过程可见，如图 9-2 所示的周期的矩形波信号可以由如图 9-4 所示的直流分量、基波分量与高次谐波分量合成，图 9-3 为矩形波的频谱图。根据矩形波的傅里叶级数分解（具体过程略）可得

$$i_S = \frac{I_m}{2} + \frac{2I_m}{\pi}\left(\sin\omega t + \frac{1}{3}\sin 3\omega t + \frac{1}{5}\sin 5\omega t + \cdots\right) \tag{9-1}$$

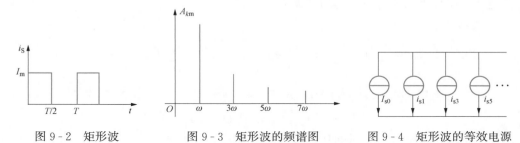

图 9-2 矩形波   图 9-3 矩形波的频谱图   图 9-4 矩形波的等效电源

2. 函数对称性对系数的影响

函数对称性如表 9-1 所示。

表 9-1   函 数 对 称 性

函数	偶函数	奇函数	奇谐波函数
特点	关于纵轴对称 $f(t) = f(-t)$	关于原点对称 $f(t) = -f(t)$	向右平移半个周期跟原函数关于横轴对称 $f(t) = -f\left(t + \dfrac{T}{2}\right)$
例图			
结论	$b_k = 0$	$a_k = 0$	$a_{2k} = b_{2k} = 0$

9.2 有效值、平均值和平均功率 A 类考点

1. 有效值

若函数表达式为：

$$i(t) = I_0 + \sum_{k=1}^{\infty} I_{km}\cos(k\omega t + \psi_k)$$

则有效值为：

$$I = \sqrt{I_0^2 + I_1^2 + I_2^2 + \cdots} \tag{9-2}$$

结论：周期函数的有效值为直流分量及各次谐波分量有效值平方和的算术平方根。

使用磁电式仪表测量时，所得到的结果为恒定分量；电磁式仪表或者电动式仪表测量时得到的是有效值。

2. 平均值

非正弦周期函数的平均值为：

$$I_{AV} = \frac{1}{T} \int_0^T |i| \, dt \tag{9-3}$$

结论：周期函数的平均值定义为此电流绝对值的平均值。例如，取 $i = \sqrt{2} I \sin(\omega t)$，则

$$I_{AV} = \frac{1}{T} \int_0^T |i| \, dt = \frac{1}{T} \int_0^T |\sqrt{2} I \sin(\omega t)| \, dt = 0.898 I。$$

使用整流式仪表测量时，所得的结果为平均值。

3. 平均功率

$$u(t) = U_0 + \sum_{k=1}^{\infty} U_{km} \cos(k\omega t + \psi_{uk}) \quad i(t) = I_0 + \sum_{k=1}^{\infty} I_{km} \cos(k\omega t + \psi_{ik})$$

$$P = U_0 I_0 + \sum_{k=1}^{\infty} U_k I_k \cos\varphi_k \quad (\varphi_k = \psi_{uk} - \psi_{ik}) = P_0 + P_1 + P_2 + \cdots$$

$$P = U_0 I_0 + U_1 I_1 \cos\varphi_1 + U_2 I_2 \cos\varphi_2 + \cdots \tag{9-4}$$

结论：平均功率＝直流分量的功率＋各次谐波的平均功率。

【例 9-1】 非正弦周期电流电路中的电流为 $i = 3\sin\omega t + 6\sqrt{2}\sin(3\omega t + 60°)$ A，若使用一只电磁式电流表测量，则该电磁式电流表的读数为（　　）。

A. 9 　　　　　　　B. 8.12 　　　　　　C. 6.36 　　　　　　D. 6.7

【例 9-2】 已知在某非正弦电源电压 $u_S(t) = [20\sqrt{2}\cos(\omega t + 30°) + 10\sqrt{2}\cos(2\omega t + 45°)]$ V 作用下的电路中的电流 $i(t) = [4\sqrt{2}\cos(\omega t + 10°) + 3\sqrt{2}\cos(2\omega t + 60°)]$ A，那么该电路吸收的有功功率 P 为（　　）。

A. 110W 　　　　　B. 220W 　　　　　C. 208.3W 　　　　D. 104.15W

【例 9-3】 已知在关联参考方向下，某一端口网络的端口电压 $u = [50 + 84.6\cos(\omega t + 30°) + 56.6\cos(2\omega t + 10°)]$ V，电流 $i = [1 + 0.707\cos(\omega t - 20°) + 0.424\cos(2\omega t + 50°)]$ A，则端口电流的有效值为（　　），该一端口网络输入的平均功率为（　　）。

A. 1A　50W

B. 1.16A　78.4W

C. 2.3A　108.3W

D. 3A　150.15W

9.3　非正弦周期电路的计算　A 类考点

谐波分析法是将直流分量及各次谐波分量单独计算，其计算步骤如下。

（1）将非正弦周期信号（电流或电压）分解成傅里叶级数，谐波取至哪一项，视要求的准确程度而定。

（2）分别求出直流分量和各次谐波单独作用时电路中的电流和电压。

（3）把步骤（2）中计算出的电流和电压的瞬时值进行叠加。

【例 9-4】 感抗 $\omega L = 2\Omega$ 的端电压 $u = [10\sin(\omega t + 30°) + 6\sin(3\omega t + 60°)]$ V 时，电流为（　　）A。

A. $5\sin(\omega t + 30°) + 3\sin(3\omega t + 60°)$

B. $5\sin(\omega t - 60°) + 3\sin(3\omega t - 30°)$

C. $5\sin(\omega t - 60°) + \sin(3\omega t - 210°)$

D. $5\sin(\omega t - 60°) + \sin(3\omega t - 30°)$

【例 9 - 5 】 RLC 串联电路中 $u_s = 60\cos\omega t + 20\cos3\omega t + 12\cos5\omega t\,\mathrm{V}$，$R = 2\Omega$，$\omega L = 10\Omega$，$1/\omega C = 90\Omega$。求电流 i 及电源输出的平均功率。

解：基波为：

$$Z_1 = R + \mathrm{j}\left(\omega L - \frac{1}{\omega C}\right) = 2 - \mathrm{j}80 \approx 80\angle -88.6°(\Omega) \quad (容性)$$

$$\dot{I}_{1m} = \frac{\dot{U}_{1m}}{Z_1} = \frac{60\angle 0°}{80\angle -88.6°} = 0.75\angle 88.6°(\mathrm{A})$$

三次谐波为：

$$Z_3 = R + \mathrm{j}\left(3\omega L - \frac{1}{3\omega C}\right) = 2 + \mathrm{j}0 = 2\angle 0°(\Omega) \quad (阻性)$$

$$\dot{I}_{3m} = \frac{\dot{U}_{3m}}{Z_3} = \frac{20\angle 0°}{2\angle 0°} = 10\angle 0°(\mathrm{A})$$

五次谐波为：

$$Z_5 = R + \mathrm{j}\left(5\omega L - \frac{1}{5\omega C}\right) = 2 + \mathrm{j}(50 - 18) = 2 + \mathrm{j}32 \approx 32.1\angle 86.4°(\Omega)(感性)$$

$$\dot{I}_{5m} = \frac{\dot{U}_{5m}}{Z_5} = \frac{12\angle 0°}{32.1\angle 86.4°} = 0.37\angle -86.4°(\mathrm{A})$$

瞬时值叠加电流为：

$$i = i_1 + i_3 + i_5 = 0.75\cos(\omega t + 88.6°) + 10\cos3\omega t + 0.37\cos(5\omega t - 86.4°)$$

输出功率为：

$$P = U_1 I_1 \cos\varphi_1 + U_3 I_3 \cos\varphi_3 + U_5 I_5 \cos\varphi_5$$

$$= \frac{1}{2} \times 60 \times 0.75\cos(-88.6°) + \frac{1}{2} \times 20 \times 10 + \frac{1}{2} \times 12 \times 0.37\cos(86.4°)$$

$$= 0.55 + 100 + 0.14 \approx 100.7(\mathrm{W})$$

【例 9 - 6 】 电路如图 9 - 5 所示，已知 $u_1 = 220\sqrt{2}\cos\omega t\,\mathrm{V}$，$u_2 = 220\sqrt{2}\cos\omega t + 100\sqrt{2}\cos(3\omega t + 30°)\mathrm{V}$，求瞬时值叠加电流及功率表的读数。

解：由题可知：

$$U_{ab} = \sqrt{440^2 + 100^2} = 451.22(\mathrm{V})$$

一次谐波作用时：

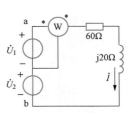

图 9 - 5　［例 9 - 6］图

$$\dot{U}_{ab(1)} = 440\angle 0°\mathrm{V}, \dot{I}_{(1)} = \frac{440}{60 + \mathrm{j}20} = 6.96\angle -18.4°(\mathrm{A})$$

三次谐波作用时：

$$\dot{U}_{ab(3)} = 100\angle 30°\mathrm{V}, \dot{I}_{(3)} = \frac{100\angle 30°}{60 + \mathrm{j}60} = 1.18\angle -15°(\mathrm{A})$$

瞬时值叠加电流为：

$$i = 6.96\sqrt{2}\cos(\omega t - 18.4°) + 1.18\sqrt{2}\cos(3\omega t - 15°)\mathrm{A}$$

功率表读数（U_1 功率）为：

$$P = 220 \times 6.96\cos18.4° = 1452.92(\mathrm{W})$$

习题

(1) 电路如图 9-6 所示，已知 $u_{s1} = (12 + 5\sqrt{2}\cos\omega t)$ V，$u_{s2} = 5\sqrt{2}\cos(\omega t + 240°)$ V，则其电磁式电压表的读数为（　　）V。

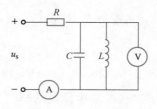

图 9-6　习题 1 图

A. 12　　　　　　　　　　　　　B. 13

C. 13.92　　　　　　　　　　　D. 15

(2) 在图 9-7 所示的电路中，$R = 20\Omega$，$\omega L = 5\Omega$，$\dfrac{1}{\omega C} = 45\Omega$，$u_s = [100 + 276\cos\omega t + 100\cos(3\omega t)]$ V，现想使电流 i 中含有尽可能大的基波分量，Z 应是（　　）元件。

A. 电阻　　　　　　B. 电感　　　　　　C. 电容

(3) 图 9-8 所示电路处于稳态，已知 $u_s = [200 + 100\cos(3\omega t)]$ V，$R = 50\Omega$，$\omega L = 5\Omega$，$\dfrac{1}{\omega C} = 45\Omega$，则电压表的读数为（　　）V，电流表的读数为（　　）A。

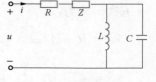

图 9-7　习题 2 图

A. 70.7　4　　　　　　　　　　B. 70.7　8

C. 100　4　　　　　　　　　　D. 100　2.45

(4) 在图 9-9 所示的电路中，已知 $u_s = \sqrt{2}\cos(100t)$ V，$i_s = [3 + 4\sqrt{2}\cos(100t - 60°)]$ A，则 u_s 发出的平均功率为（　　）W。

A. 2　　　　　　　B. 4　　　　　　　C. 5

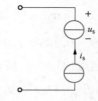

图 9-8　习题 3 图　　　　　图 9-9　习题 4 图

(5) 在周期为 0.02s 的非正弦周期交流信号的作用下，其三次谐波的角频率为（　　）弧度每秒。

A. 0.06　　　　　　B. 314　　　　　　C. 942　　　　　　D. 628

(6) 在线性非正弦周期交流电路中，下列叙述正确的是（　　）。

A. 各次谐波可以相量相加

B. 叠加定理不能使用

C. 各次谐波分量电路中，容抗感抗值不变

D. 各谐波分量可以瞬时值相加

(7) $u = 30\sqrt{2}\sin\omega t + 40\sqrt{2}\sin(3\omega t - 120°) + 40\sqrt{2}\sin(3\omega t + 120°)$，则电压有效值为（　　）。

A. 30V　　　　　　B. 40V　　　　　　C. 50V　　　　　　D. 85V

第10章

二端口网络的基本概念、方程和参数

本章首先介绍了二端口网络的定义和特点，其次重点介绍了二端口网络的 Y、Z、T、H 参数方程、参数的计算方法以及互易性和对称性的判断依据，其中各个方程的参数计算是本章的重点和难点。最后介绍了二端口连接的计算方法，以及两种特殊的二端口网络——回转器和负阻抗变换器。

10.1 二端口网络 B 类考点

1. 二端口网络的概念

当一个电路与外部电路通过两个端口连接时称此电路为二端口网络。图 10-1 所示电路具有四个对外引出端子，即两对满足端口条件的端口：从端子 1 流入的电流等于从端子 1′流出的电流，从端子 2 流入的电流等于从端子 2′流出的电流。

2. 四端网络

向外伸出的 4 个端子上的电流不满足上述端口条件的限制就为四端网络。

二端口网络一定是四端网络，四端网络不一定是二端口网络。

图 10-1 二端口网络

10.2 二端口的方程和参数

本章讨论的二端口是由线性电阻、电感、电容和线性受控源组成，不含任何独立电源。图 10-2 所示为一线性二端口。

图 10-2 二端口模型

10.2.1 Y 参数方程 A 类考点

（1）用 $\dot{U}_1$，$\dot{U}_2$ 表示 $\dot{I}_1$，$\dot{I}_2$的方程为 Y 参数方程：

$$\begin{cases} \dot{I}_1 = Y_{11}\dot{U}_1 + Y_{12}\dot{U}_2 \\ \dot{I}_2 = Y_{21}\dot{U}_1 + Y_{22}\dot{U}_2 \end{cases} \quad (10-1)$$

（2）参数的物理意义。分别把入口和出口短路，则：

$$Y_{11} = \left.\frac{\dot{I}_1}{\dot{U}_1}\right|_{\dot{U}_2=0}$$ ——入口的驱动点导纳；

$$Y_{21} = \left.\frac{\dot{I}_2}{\dot{U}_1}\right|_{\dot{U}_2=0}$$ ——出口与入口之间的转移导纳；

$$Y_{12} = \frac{\dot{I}_1}{\dot{U}_2}\bigg|_{\dot{U}_1=0} \quad\text{——入口与出口之间的转移导纳;}$$

$$Y_{22} = \frac{\dot{I}_2}{\dot{U}_2}\bigg|_{\dot{U}_1=0} \quad\text{——出口的驱动点导纳。}$$

由于以上参数是在入口和出口分别短路的情况下的参数,所以称为短路参数。对于线性不包含独立电源,也不包含受控源的网络,若 $Y_{12}=Y_{21}$,则此时只有三个独立参数,称为互易双口;又若 $Y_{11}=Y_{22}$,此时称为对称双口,只有两个独立参数。

【例 10 - 1】 电路如图 10 - 3 所示,求 Y 参数。

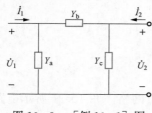

图 10 - 3 [例 10 - 1] 图

解:方法一:

$$Y_{11} = \frac{\dot{I}_1}{\dot{U}_1}\bigg|_{\dot{U}_2=0} = Y_a + Y_b \qquad Y_{12} = \frac{\dot{I}_1}{\dot{U}_2}\bigg|_{\dot{U}_1=0} = -Y_b$$

$$Y_{21} = \frac{\dot{I}_2}{\dot{U}_1}\bigg|_{\dot{U}_2=0} = -Y_b \qquad Y_{22} = \frac{\dot{I}_2}{\dot{U}_2}\bigg|_{\dot{U}_2=0} = Y_b + Y_c$$

方法二:列结点电压方程

$$\begin{aligned}(Y_a + Y_b)\dot{U}_1 - Y_b\dot{U}_2 &= \dot{I}_1\\ -Y_b\dot{U}_1 + (Y_b + Y_c)\dot{U}_2 &= \dot{I}_2\end{aligned} \qquad \begin{bmatrix}\dot{I}_1\\ \dot{I}_2\end{bmatrix} = \begin{bmatrix}Y_{11} & Y_{12}\\ Y_{21} & Y_{22}\end{bmatrix}\begin{bmatrix}\dot{U}_1\\ \dot{U}_2\end{bmatrix}$$

10.2.2 Z 参数方程   A 类考点

(1) 用 $\dot{I}_1$,$\dot{I}_2$ 表示 $\dot{U}_1$,$\dot{U}_2$ 的方程为 Z 参数方程:

$$\begin{cases}\dot{U}_1 = Z_{11}\dot{I}_1 + Z_{12}\dot{I}_2\\ \dot{U}_2 = Z_{21}\dot{I}_1 + Z_{22}\dot{I}_2\end{cases} \tag{10 - 2}$$

(2) 参数的物理意义。分别把入口和出口开路,则:

$$Z_{11} = \frac{\dot{U}_1}{\dot{I}_1}\bigg|_{\dot{I}_2=0} \quad\text{——入口驱动点阻抗}$$

$$Z_{21} = \frac{\dot{U}_2}{\dot{I}_1}\bigg|_{\dot{I}_2=0} \quad\text{——出口对入口的转移阻抗}$$

$$Z_{12} = \frac{\dot{U}_1}{\dot{I}_2}\bigg|_{\dot{I}_1=0} \quad\text{——入口对出口的转移阻抗}$$

$$Z_{22} = \frac{\dot{U}_2}{\dot{I}_2}\bigg|_{\dot{I}_1=0} \quad\text{——出口驱动点阻抗}$$

由于 Z 参数是把入口、出口分别开路时得到的,所以又称为开路参数。对于互易双口,$Z_{12}=Z_{21}$,只有三个独立参数。对于对称双口,$Z_{11}=Z_{22}$,只有两个独立参数。

【例 10 - 2】 电路如图 10 - 4 所示,求 Z 参数。

解:方法一:

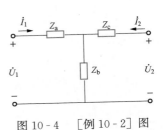

$$Z_{11} = \frac{\dot{U}_1}{\dot{I}_1}\bigg|_{\dot{I}_2=0} = Z_a + Z_b$$

$$Z_{12} = \frac{\dot{U}_1}{\dot{I}_2}\bigg|_{\dot{I}_1=0} = Z_b$$

$$Z_{21} = \frac{\dot{U}_2}{\dot{I}_1}\bigg|_{\dot{I}_2=0} = Z_b$$

图 10-4　[例 10-2] 图

$$Z_{22} = \frac{\dot{U}_2}{\dot{I}_2}\bigg|_{\dot{I}_1=0} = Z_b + Z_c$$

方法二：列回路电流方程。

$$(Z_a + Z_b)\dot{I}_1 + Z_b\dot{I}_2 = \dot{U}_1$$

$$Z_b\dot{I}_1 + (Z_c + Z_b)\dot{I}_2 = \dot{U}_2$$

10.2.3　T 参数方程　A 类考点

（1）用 $\dot{U}_2$，$-\dot{I}_2$ 表示 $\dot{U}_1$，$\dot{I}_1$ 的方程为 T 参数方程：

$$\begin{cases} \dot{U}_1 = A\dot{U}_2 + B(-\dot{I}_2) \\ \dot{I}_1 = C\dot{U}_2 + D(-\dot{I}_2) \end{cases} \tag{10-3}$$

（2）参数的物理意义。

$$A = \frac{\dot{U}_1}{\dot{U}_2}\bigg|_{\dot{I}_2=0} \quad \text{——入口对出口的电压比值}$$

2－2′开路

$$C = \frac{\dot{I}_1}{\dot{U}_2}\bigg|_{\dot{I}_2=0} \quad \text{——入口对出口的转移导纳}$$

$$B = \frac{\dot{U}_1}{-\dot{I}_2}\bigg|_{\dot{U}_2=0} \quad \text{——入口对出口的转移阻抗}$$

2－2′短路

$$D = \frac{\dot{I}_1}{-\dot{I}_2}\bigg|_{\dot{U}_2=0} \quad \text{——入口对出口的电流比值}$$

对于互易双口，$AD-BC=1$，只有三个独立参数；对于对称双口，$A=D$，只有两个独立参数。

【例 10-3】 电路如图 10-5 所示，求 T 参数。

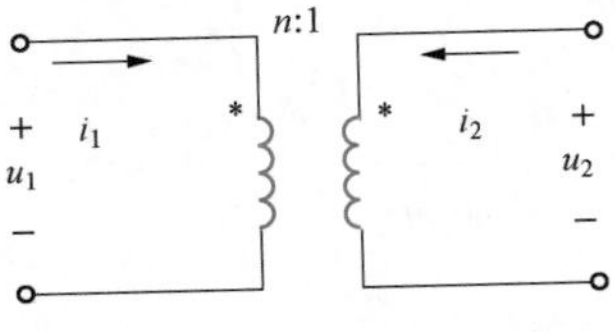

解：由图可知：

$$\begin{cases} u_1 = nu_2 \\ i_1 = -\dfrac{1}{n}i_2 \end{cases}$$

即：

图 10-5　[例 10-3] 图

$$\begin{bmatrix} u_1 \\ i_1 \end{bmatrix} = \begin{bmatrix} n & 0 \\ 0 & \dfrac{1}{n} \end{bmatrix} \begin{bmatrix} u_2 \\ -i_2 \end{bmatrix}$$

10.2.4 H 参数方程 A 类考点

（1）方程为：

$$\begin{cases} \dot{U}_1 = H_{11}\dot{I}_1 + H_{12}\dot{U}_2 \\ \dot{I}_2 = H_{21}\dot{I}_1 + H_{22}\dot{U}_2 \end{cases} \tag{10-4}$$

（2）参数的物理意义。

$$H_{11} = \dfrac{\dot{U}_1}{\dot{I}_1}\bigg|_{\dot{U}_2=0} \quad \text{——入口驱动点阻抗}$$

2—2′短路

$$H_{21} = \dfrac{\dot{I}_2}{\dot{I}_1}\bigg|_{\dot{U}_2=0} \quad \text{——出口对入口的电流比}$$

$$H_{12} = \dfrac{\dot{U}_1}{\dot{U}_2}\bigg|_{\dot{I}_1=0} \quad \text{——入口对出口的电压比}$$

2—2′开路

$$H_{22} = \dfrac{\dot{I}_1}{\dot{U}_2}\bigg|_{\dot{I}_1=0} \quad \text{——入口对出口的转移导纳}$$

对于互易双口，$H_{12} = -H_{21}$，只有三个独立参数。对于对称双口，$H_{11}H_{22} - H_{12}H_{21} = 1$，只有两个独立参数。

【例 10-4】 某二端口的阻抗参数矩阵为 $\boldsymbol{Z} = \begin{vmatrix} 4 & 6 \\ 1 & 3 \end{vmatrix}$，则该二端口的 T 参数矩阵为（　　）。

A. $\begin{bmatrix} 1 & 3 \\ 4 & 6 \end{bmatrix}$　　　　B. $\begin{bmatrix} 2 & 1 \\ 3 & 4 \end{bmatrix}$　　　　C. $\begin{bmatrix} 4 & 6 \\ 1 & 3 \end{bmatrix}$　　　　D. $\begin{bmatrix} 4 & -6 \\ 1 & -3 \end{bmatrix}$

10.3 二端口的连接 A 类考点

二端口有三种常见的连接方式，即级联、串联、并联，如图 10-6 所示。

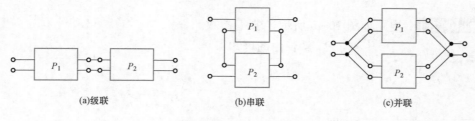

(a)级联　　　　　(b)串联　　　　　(c)并联

图 10-6 二端口的连接

级联时：

$$T = T_1 T_2 \tag{10-5}$$

串联时:

$$Z = Z_1 + Z_2 \tag{10-6}$$

并联时:

$$Y = Y_1 + Y_2 \tag{10-7}$$

10.4　回转器和负阻抗转换器　C 类考点

1. 回转器

回转器是一种<u>线性非互易</u>的多端元件,如图 10 - 7 所示。

其电压电流关系为:

$$\begin{cases} u_1 = -ri_2 \\ u_2 = ri_1 \end{cases} 或 \begin{cases} i_1 = gu_2 \\ i_2 = -gu_1 \end{cases} \Rightarrow \begin{bmatrix} u_1 \\ i_1 \end{bmatrix} = \begin{bmatrix} 0 & r \\ 1/r & 0 \end{bmatrix} \begin{bmatrix} u_2 \\ -i_2 \end{bmatrix} \tag{10-8}$$

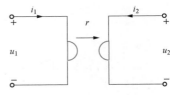

图 10 - 7　回转器

回转器常用参数如下:

$$[\mathbf{Z}] = \begin{bmatrix} 0 & -r \\ r & 0 \end{bmatrix} \quad [\mathbf{Y}] = \begin{bmatrix} 0 & g \\ -g & 0 \end{bmatrix} \quad [\mathbf{T}] = \begin{bmatrix} 0 & r \\ 1/r & 0 \end{bmatrix}$$

回转器的输入功率为 $u_1 i_1 + u_2 i_2 = -ri_1 i_2 + ri_1 i_2 = 0$,因此理想回转器是<u>不储能、不耗能</u>的<u>无源线性二端口</u>。

若回转器的输出阻抗为 $Z_2 = -\dfrac{u_2}{i_2}$,则输入阻抗为:

$$Z_{\text{in}} = \frac{u_1}{i_1} = -\frac{-ri_2}{u_2/r} = \frac{r^2}{Z_2} \tag{10-9}$$

如果 $Z_2 = \dfrac{1}{j\omega C}$,则输入阻抗为 $Z_{\text{in}} = \dfrac{r^2}{Z_2} = r^2 j\omega C$,所以回转器可以把一个电容回转成一个电感。

2. 负阻抗变换器(NIC)

负阻抗变换器分为电压反向型和电流反向型,如图 10 - 8 所示。

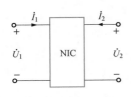

图 10 - 8　负阻抗变换器

电流反向型:

$$\begin{cases} u_1 = u_2 \\ i_1 = -k(-i_2) \end{cases} \Rightarrow \begin{bmatrix} u_1 \\ i_1 \end{bmatrix} = \begin{bmatrix} 1 & 0 \\ 0 & -k \end{bmatrix} \begin{bmatrix} u_2 \\ -i_2 \end{bmatrix} \tag{10-10}$$

电压反向型:

$$\begin{cases} u_1 = -ku_2 \\ i_1 = (-i_2) \end{cases} \Rightarrow \begin{bmatrix} u_1 \\ i_1 \end{bmatrix} = \begin{bmatrix} -k & 0 \\ 0 & 1 \end{bmatrix} \begin{bmatrix} u_2 \\ -i_2 \end{bmatrix} \tag{10-11}$$

对于电流反向型:

$$Z_{\text{in}} = \frac{u_1}{i_1} = \frac{u_2}{-k(-i_2)} = \frac{Z_2}{-k} \tag{10-12}$$

对于电压反向型:

$$Z_{\text{in}} = \frac{u_1}{i_1} = \frac{-ku_2}{-i_2} = -kZ_2 \tag{10-13}$$

负阻抗变换器（NIC）可以把正阻抗变换为负阻抗。

习题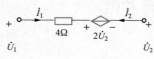

（1）二端口网络的基本方程有（　　）。

A. 4 种　　　　　　　　B. 5 种　　　　　　　　C. 6 种

（2）如图 10‐9 所示，二端口网络的导纳参数矩阵为（　　）。

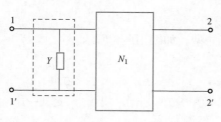

$$
\text{A.}\begin{bmatrix} \dfrac{1}{4} & -\dfrac{1}{4} \\[2mm] -\dfrac{1}{4} & \dfrac{3}{4} \end{bmatrix}
\qquad
\text{B.}\begin{bmatrix} \dfrac{1}{4} & \dfrac{3}{4} \\[2mm] \dfrac{1}{4} & \dfrac{3}{4} \end{bmatrix}
$$

图 10‐9　习题 2 图

$$
\text{C.}\begin{bmatrix} \dfrac{1}{4} & -\dfrac{3}{4} \\[2mm] -\dfrac{1}{4} & -\dfrac{3}{4} \end{bmatrix}
\qquad
\text{D.}\begin{bmatrix} \dfrac{1}{4} & -\dfrac{3}{4} \\[2mm] -\dfrac{1}{4} & \dfrac{3}{4} \end{bmatrix}
$$

（3）无任何电源的线性二端口电路的 T 参数应满足（　　）。

A. $A=D$　　　　B. $B=C$　　　　C. $AD-BC=1$　　　　D. $BC-AD=1$

（4）两个二端口（　　）连接，其端口条件总是满足的。

A. 串联　　　　　B. 并联　　　　　C. 级联　　　　　D. 以上三种都可以

（5）图 10‐10 所示的二端口网络中，设子二端口网络 N_1 的传输参数矩阵为 $\begin{bmatrix} 1 & 0 \\ 1 & 1 \end{bmatrix}$，

$Y=1$ 西门子，则复合二端口网络的传输参数矩阵为（　　）。

$$
\text{A.}\begin{bmatrix} 1 & 0 \\ 1 & 1 \end{bmatrix}
\quad
\text{B.}\begin{bmatrix} 1 & 0 \\ 2 & 1 \end{bmatrix}
\quad
\text{C.}\begin{bmatrix} 1 & 1 \\ 1 & 1 \end{bmatrix}
\quad
\text{D.}\begin{bmatrix} 1 & 2 \\ 1 & 1 \end{bmatrix}
$$

（6）图 10‐11 所示二端口的阻抗矩阵为（　　）。

$$
\text{A.}\begin{bmatrix} Z & 0 \\ 0 & Z \end{bmatrix}
\quad
\text{B.}\begin{bmatrix} Z & Z \\ Z & Z \end{bmatrix}
\quad
\text{C.}\begin{bmatrix} 0 & Z \\ Z & 0 \end{bmatrix}
\quad
\text{D.}\begin{bmatrix} 0 & 0 \\ 0 & 0 \end{bmatrix}
$$

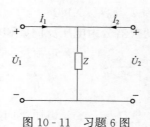

图 10‐10　习题 5 图

图 10‐11　习题 6 图

（7）图 10‐12 所示二端口网络参数为 $Z_{11}=5\Omega$，$Z_{12}=-2\Omega$，$Z_{21}=3\Omega$，$Z_{22}=-6\Omega$，$U_S=5V$，$R_S=10\Omega$，$Z_L=4\Omega$，则 U_1 为（　　）。

A. 5/6V　　　　　B. 1.2V　　　　　C. 1.8V　　　　　D. 1V

（8）电路如图 10‐13 所示，输入阻抗为（　　）Ω。

A. j8　　　　　　B. $-$j2　　　　　C. $-$j0.5　　　　　D. j0.125

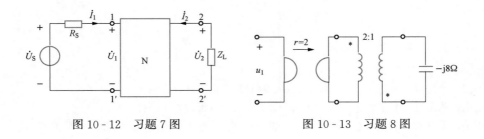

图 10 - 12　习题 7 图　　　　　　图 10 - 13　习题 8 图

参 考 文 献

[1] 邱关源，罗先觉．电路［M］．6版．北京：高等教育出版社，2022．
[2] 孙立山，陈希有．电路理论基础［M］．4版．北京：高等教育出版社，2013．
[3] 邢丽冬，潘双来．电路理论基础［M］．4版．北京：清华大学出版社，2023．